猪繁殖与呼吸综合征中西医结合防控与净化技术指南

主　编　辛盛鹏　陈瑞爱

副主编　史万玉　刘秀丽　张桂红　李金龙　周宏超
　　　　周　智　颜其贵　王胜义　王阿明　冯亚楠

编　者（按姓氏笔画排序）
　　　　王　衡（华南农业大学）
　　　　王阿明（肇庆大华农生物药品有限公司）
　　　　王胜义（中国农业科学院兰州畜牧与兽药研究所）
　　　　史万玉（河北农业大学）
　　　　冯亚楠（中国兽医协会）
　　　　冯志伟（肇庆大华农生物药品有限公司）
　　　　刘秀丽（中国兽医协会）
　　　　许　丹（华南农业大学）
　　　　李金龙（东北农业大学）
　　　　李晓伟（东北农业大学）
　　　　辛盛鹏（中国兽医协会）
　　　　张桂红（华南农业大学）
　　　　陈瑞爱（肇庆大华农生物药品有限公司 / 华南农业大学）
　　　　尚辉琴（肇庆大华农生物药品有限公司）
　　　　周　智（中国动物疫病预防控制中心）
　　　　周宏超（西北农林科技大学）
　　　　郝宝成（中国农业科学院兰州畜牧与兽药研究所）
　　　　施增斌（肇庆大华农生物药品有限公司）
　　　　姚　鑫（东北农业大学）
　　　　姚晓辉（肇庆大华农生物药品有限公司）
　　　　雍　燕（肇庆大华农生物药品有限公司）
　　　　颜其贵（四川农业大学）

机械工业出版社
CHINA MACHINE PRESS

本书共分为7章，内容包括猪繁殖与呼吸综合征流行病学知识、猪繁殖与呼吸综合征的监测与评估、猪繁殖与呼吸综合征防控与净化措施、猪繁殖与呼吸综合征的中兽医药防治、猪繁殖与呼吸综合征中西医结合防控案例、猪场生物安全体系建设、猪繁殖与呼吸综合征净化与评估。最后附录部分列出了有关猪繁殖与呼吸综合征防控与净化的文件及标准。本书紧扣生产实际，注重系统性、科学性、实用性和先进性，内容通俗易懂。

本书适合猪场饲养管理人员和广大养猪专业户阅读。

图书在版编目（CIP）数据

猪繁殖与呼吸综合征中西医结合防控与净化技术指南 /
辛盛鹏，陈瑞爱主编. -- 北京 : 机械工业出版社，
2024. 11. -- ISBN 978-7-111-76673-5

Ⅰ. S828.3-62；S858.28-62

中国国家版本馆CIP数据核字第2024CJ2119号

机械工业出版社（北京市百万庄大街22号　邮政编码100037）
策划编辑：周晓伟　高　伟　　责任编辑：周晓伟　高　伟　刘　源
责任校对：曹若菲　刘雅娜　　责任印制：单爱军
保定市中画美凯印刷有限公司印刷
2024年11月第1版第1次印刷
184mm×260mm · 12.25印张 · 2插页 · 209千字
标准书号：ISBN 978-7-111-76673-5
定价：158.00元

电话服务　　　　　　　　网络服务
客服电话：010-88361066　　机　工　官　网：www.cmpbook.com
　　　　　010-88379833　　机　工　官　博：weibo.com/cmp1952
　　　　　010-68326294　　金　书　网：www.golden-book.com
封底无防伪标均为盗版　　机工教育服务网：www.cmpedu.com

前　言

　　近年来，随着养猪产业结构的进一步调整和新技术的使用，养殖规模化、生产集团化、人员专业化发展有目共睹。生猪产业在我国国民经济发展中起到了举足轻重的作用，人们越来越重视猪病的预防与控制，猪病防治已成为兽医工作者的重要任务。我国相继出版了多种猪场养殖技术、猪场疫病净化相关的兽医学专业著作，为广大兽医科技工作者学习和研究猪病防控提供了基本条件。但随着猪病疾病谱的变化和新兽药与治疗新技术的大量涌现，围绕某一病征的系统性解决方案参考文献较少，因此，我们组织有关专家，根据各自长期从事兽医临床工作的实践经验，并广泛参考相关资料，共同编写了《猪繁殖与呼吸综合征中西医结合防控与净化技术指南》一书。

　　全书共分 7 章和附录部分。第一章至第三章，分别重点阐述猪繁殖与呼吸综合征流行病学知识、监测与防控措施。第四章和第五章，分别重点介绍了中兽医在猪繁殖与呼吸综合征防治上的应用及临床案例。第六章和第七章，分别讲述了猪场生物安全体系建设与猪繁殖与呼吸综合征的净化标准及评估，附录则选编了有关猪繁殖与呼吸综合征防控与净化的文件、标准及 WOAH 相关条例与法典，将标准、理论与临床应用相互联系。

　　从中西医防控到猪场净化要求，本书编写时均立足于实用。既与时俱进，又理论联系实际，内容科学、文字简明。无论是对猪场兽医临床工作者，还是各相关工作单位人员，本书都是有参考价值和指导意义的一部好书，既适用于畜牧兽医技术培训，也可作为高校和科研机构畜牧兽医专业师生、养殖场企业管理人员及兽药企业研发销售人员的参考书。

　　本书的编写及出版得到了肇庆大华农生物药品有限公司的鼎力支持，在此表示深切的谢意。需要特别说明的是，本书在编写过程中直接或间接引用了一些兽医临床研究资料和专业著作，虽然我们在书后列举了部分，但由于篇幅所限，仍不免挂一漏万，在此我们向原作者及出版者表示歉意和最真诚的致谢。

诚然，编写这本既要满足学科发展现状，又要满足生产实践需求的指导性专业著作，我们深感责任重大，但由于编写时间仓促和临床经验与专业水平有限，编者们的写作风格也不尽相同，且生产实践新情况和新技术发展十分迅速，因此，本书的不妥之处在所难免，恳请读者不吝赐教，以期再版时及时修订。

编　者

2024 年 8 月

目 录

前 言

附　录

第一章
猪繁殖与呼吸综合征
流行病学知识

猪繁殖与呼吸综合征（Porcine Reproductive and Respiratory Syndrome，PRRS）是由猪繁殖与呼吸综合征病毒（Porcine Reproductive and Respiratory Syndrome Virus，PRRSV）感染猪所引起的一种繁殖障碍和呼吸系统的传染病。其特征为母猪厌食、发热，妊娠后期流产（又称"迟发性流产"），产死胎和木乃伊胎，或者产出弱仔；仔猪表现呼吸系统疾病和大量死亡。高致病性毒株和某些变异重组毒株可以引起成年猪发热、皮肤发红、呼吸困难及急性死亡。由于部分病猪会表现耳部发绀，故俗称"猪蓝耳病"（Blue-ear Disease）。

第一节
猪繁殖与呼吸综合征
的起源及流行现状

一、猪繁殖与呼吸综合征的起源及流行史

PRRSV 属于动脉炎病毒科（*Arteriviridae*）动脉炎病毒属（*Arterivirus*）的成员。PRRSV 所引发的疾病最早于 1987 年在美国中西部被发现，由于当时对该病原的认知并不明确，它一度被称为"猪神秘病"。随后在北美洲的加拿大，欧洲的德国、荷兰、法国、英国，大洋洲的澳大利亚，亚洲的日本和菲律宾等国家相继发生。1991 年荷兰和美国相继分离到病毒，分别命名为 Lelystad 毒株和 VR-2332 毒株，这两个来源不同的毒株至今被用来作为区分欧洲型（PRRSV-1 型）和美洲型（PRRSV-2 型）毒株的原型毒株。目前研究表明，这两个毒株已经属于不同的种，其核苷酸相似性约为 44%。PRRSV-1 型主要分布于欧洲，PRRSV-2 型主要分布于美洲及亚洲。1991 年后，世界主要养猪国家相继暴发和流行该病，造成严重的经济损失，成为影响世界养猪业发展的最严重疫病之一。

1. PRRSV 谱系划分

基于 PRRSV ORF5 序列的系统发生树对 PRRSV 进行谱系划分，欧洲型（PRRSV-1 型）被划分为 subtype I（Global；Clade A-L）、subtype I（Russian）、subtype II、subtype III，目前我国发现的 PRRSV-1 型毒株全部属于 subtype I（Global）。美洲型（PRRSV-2 型）可以划分为 9 个谱系（Lineage 1~9），我国流行的 PRRSV-2 型毒株主要来自谱系 1、3、5、8。其中类 NADC30 毒株和类 NADC34 毒株属于谱系 1，QYYZ 毒株属于谱系 3，VR-2332 毒株属于谱系 5.1，CH-1a、HB-1（sh）-2002 和 HP-PRRSV 毒株属于谱系 8.7。谱系 1 PRRSV 是一个非常大的分支，相关研究将谱系 1 PRRSV 又进一步划分为 Lineage1.1~1.9，在这样的分类体系下，类 NADC30（NADC30-like）毒株属于 Lineage1.8，而类 NADC34（NADC34-like）毒株属于 Lineage1.5。我国以 Nsp2 缺失模式或者插入模式作为同一类型毒株的特征性分子标记，如 HP-PRRSV 在 Nsp2 存在不连续的 30 个氨基酸（aa）（1+29）的缺失，类

NADC30 毒株在 Nsp2 存在不连续的 131（111+1+19）个 aa 的缺失，类 NADC34 毒株在 Nsp2 上存在连续 100 个 aa 的缺失，QYYZ、GM2 毒株（Lineage3）在 Nsp2 上存在 36 个 aa 的插入（表 1-1-1）。

表 1-1-1　PRRSV Nsp2 缺失 / 插入模式

PRRSV 类型	进化树分析	Nsp2 缺失 / 插入模式
类 NADC30	Lineage1.8	111+1+19 共 131 个 aa 缺失
类 NADC34	Lineage1.5	100 个 aa 缺失
HP-PRRSV	Lineage8.7	1+29 个 aa 缺失
CH-1a	Lineage8.7	—
VR-2332	Lineage5.1	—
QYYZ	Lineage3	36 个 aa 插入

2. PRRSV-2 型在中国的流行史

1987 年，美国首次报道了 PRRSV-2 型毒株相关的临床疾病的发生，随后 PRRSV-2 型毒株在全球扩散，其代表毒株是 VR-2332。1991 年，我国台湾地区发现此病；1996 年，郭宝清等首次从疑似 PRRS 猪场的流产胎儿中分离到 CH-1a 株；1997 年，杨汉春等从患有 PRRS 猪场的死胎中分离到谱系 5.1 的 BJ-4 毒株。2001—2002 年我国 PRRS 第二次暴发流行，并出现严重的混合感染。2002 年，我国分离到谱系 8.7 的 HB-1（sh）-2002 和 HB-2（sh）-2002 毒株。有研究表明，1996—2006 年我国大陆流行的 PRRSV 主要是谱系 8.7 的以 HB-1（sh）-2002 为代表的分支毒株和以 VR-2332、BJ-4 为代表的谱系 5.1 毒株。2006 年夏季，一场严重又神秘的猪"高热病"席卷我国的养猪业，出现了以成年猪发热、呼吸困难和大量急性死亡为特征的"高致病性猪繁殖与呼吸综合征"（Highly Pathogenic Porcine Reproductive and Respiratory Syndrome，HP-PRRS），我国多个学者分离到 HP-PRRS 毒株，如 JXA1、HEB1、HEB2、HuN4、SY0608 等，均属于谱系 8.7 毒株。2010 年，谱系 3 毒株开始在我国南方地区流行，以 QYYZ、GM2 和 QY2010 等毒株为代表。2013 年之后，类 NADC30 毒株开始在我国流行，该毒株 Nsp2 蛋白有 131（1+19+111）个不连续氨基酸缺失，属于谱系 1 毒株。2017 年，我国又出现了新的 PRRSV-2 型毒株，其 Nsp2 蛋白都具有 100 个连续氨基酸缺失，与美国分离的 NADC34 毒株缺失特征相似，故称为类 NADC34 毒株，属于谱系 1 毒株。PRRSV-2 型在中国流行的时间轴见图 1-1-1。

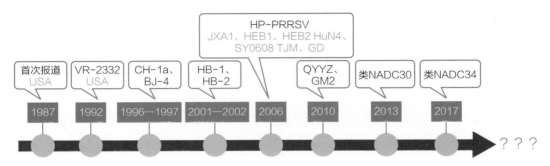

图 1-1-1 PRRSV-2 型在中国流行的时间轴

3. PRRSV-1 型在中国的流行史

PRRSV-1 型毒株的首次报道是在 20 世纪 90 年代的西欧，第一个分离的 PRRSV-1 型毒株是荷兰的 LV（Lelystad Virus）株，该毒株是 PRRSV-1 型的代表毒株。我国大陆 2011 年首次有文献报道分离出 PRRSV-1 型毒株，是从 2006 年北京的病料和 2009 年内蒙古的病料中分离的，证实了 PRRSV-1 型和 PRRSV-2 型在我国大陆共存多年。2012 年后不断有 PRRSV-1 型毒株分离出来。迄今，我国部分种猪场报道仍有 PRRSV-1 型的检出。

二、猪繁殖与呼吸综合征的流行特点

1. 常发生于冬春季节，平时呈散发状态

冬春季节，天气寒冷，在寒冷应激的刺激下，更易诱发潜在的 PRRSV 在猪体内的增殖，引发病毒血症的出现，使 PRRSV 从潜伏感染或者亚临床感染状态转变为急性感染状态，并且出现典型的母猪繁殖障碍和仔猪呼吸道症状。

2. 阳性猪场的感染率高

对于 PRRSV 阳性猪场而言，猪群血清阳性率很高，但病原阳性率存在较大差异，平均为 15%~30%，有的阳性猪场病原阳性率可能会更高，这主要取决于猪场的养猪模式，比如一点式或者两点式饲养模式。

3. 不同阶段的猪感染率高低不一

一般而言，后备母猪一旦感染，母猪群的病原阳性率会快速上升；经产母猪常常呈现持续带毒、间歇排毒状态，由于其具有较强的抵抗力或者使用疫苗免疫，其分泌物和排泄物中常常检出有感染力的病毒粒子，可导致断奶仔猪感染，引起保育阶段的

仔猪大面积感染发病，或导致育肥前期的猪持续感染。

4. 可通过多种途径传播，受损的呼吸道是主要的感染途径

现已查明，PRRSV 具有多种感染途径。气溶胶被认为是规模化猪场最为普遍的感染形式，因为目前规模化猪场大多采用封闭式水帘控温模式饲养，其送风方式直接影响猪舍的空气循环模式，加大了 PRRSV 通过气溶胶途径在猪舍内快速传播的风险。此外，通过带毒猪口腔分泌物、鼻腔分泌物、尿液、精液排毒，偶尔也可通过带毒粪污排毒，操作者接触污染衣物及免疫注射器、啮齿类动物、蚊虫、苍蝇及动物血清等，均可以传播该病毒。其中公猪精液带毒和排毒持续期最长，PRRSV 可以通过人工授精进行长距离的传播。

第二节
猪繁殖与呼吸综合征病毒
感染的临床症状

PRRSV 可感染各个年龄和品种的猪，但主要侵害繁殖母猪和仔猪，育肥猪发病较温和。病猪和带毒猪是主要的传染源。耐过猪可长期带毒并不断向体外排毒，有证据表明，感染猪在临床症状消失 8 周后仍可向外排毒。

一、猪繁殖与呼吸综合征病毒感染猪群的阶段

PRRSV 感染猪群可以分为三个不同的阶段，即急性感染期、持续感染期和清除期，这在出生后的仔猪感染中最为明显。

1. 急性感染期

病毒感染之后即为急性感染期，其特征是病毒首先迅速扩散至肺及淋巴组织中的复制部位，一般持续 2 周或者更长时间，可在 7~10d 传遍全群。通常在感染后 6~48h 检测到病毒血症，病毒载量高峰出现在感染后 4~14h。与低致病性 PRRSV 相比，高致病性 PRRSV 毒株所引起的病毒血症中病毒载量更高。在急性感染早期，伴随高病毒血症时可观察到临床症状。病毒血症达到峰值后，血清中病毒滴度会迅速下降，大多数猪在 21~28h 后病毒血症消失。PRRSV 感染猪的日龄会影响疾病的病程状态，与日龄较大的仔猪相比，幼龄仔猪感染后病毒滴度更高，病毒血症和排毒周期更长。公猪和母猪急性感染 PRRSV 时，可导致繁殖障碍，公猪在急性感染期从精液中排出的病毒可通过母猪生殖道直接穿过子宫内膜感染母猪。对于胎儿而言，一旦胚胎着床，所有日龄的胎儿均易感 PRRSV，但是只有在妊娠后期 PRRSV 才能高效地穿过胎盘屏障感染胎儿。有些毒株（包括 HP-PRRSV）可在妊娠中期穿过胎盘屏障感染胎儿，导致胎儿死亡。在急性感染期，妊娠 21~100d 母猪的胎儿损失率为 1%~3%，表现为母猪流产、发情异常或空怀，还可能出现无乳症；母猪死亡率通常为 1%~4%，甚至高达 10%，流产率可达 10%~50%，如果发生 HP-PRRSV 感染，其流产率甚至高达 40%~100%，死亡率常常高于 10%，同时伴随其他疾病的加重，也可出现神经症状。

值得注意的是，并非所有母猪在急性感染期都会出现临床症状，有 5%~8% 的母猪接近于正常生产，只不过其中弱仔、死胎和木乃伊胎的比例会增加，母猪表现发情延迟或受胎率降低。公猪在急性感染 PRRSV 期间，表现精神沉郁和呼吸道症状，性欲降低、精液品质下降（包括运动性降低和顶体缺陷）。由于妊娠母猪的急性感染，分娩的哺乳仔猪出现消瘦、贫血和震颤等多种临床症状，断奶存活率大大降低。保育猪或生长育肥猪急性感染 PRRSV 则表现食欲下降、精神沉郁、皮肤充血、呼吸加快甚至呼吸困难，平均日增重减少，死亡率上升至 12%~20%。如果感染 HP-PRRSV，保育猪还可出现稽留热、体重快速下降和高死亡率，继发感染链球菌、副猪嗜血杆菌等。

2. 持续感染期

持续感染期为病毒血症结束时开始的阶段，其特征是猪没有明显的临床症状，淋巴结、扁桃体中 PRRSV 复制及排毒量逐渐减少。持续性感染是 PRRS 流行病学的重要特征，PRRSV 可在感染猪体内存在很长时间，这也是规模化猪场 PRRS 表现的主要形式。临床症状主要表现为猪群的生产性能下降、生长缓慢、母猪群的繁殖性能下降、猪群免疫功能下降，易继发感染其他细菌性和病毒性疾病。猪群的呼吸道疾病（如副猪嗜血杆菌病、传染性胸膜肺炎、气喘病、链球菌病、弓形体病、附红细胞体病等）发病率上升。

感染 PRRSV 的猪群也可以处于亚临床状态，即感染猪群处于不发病状态，表现为 PRRSV 的持续性感染，猪群的血清学抗体阳性率一般在 10%~88%。

3. 清除期

清除期指排毒结束时开始到病毒被彻底清除的阶段。猪群感染致病性较弱的 PRRSV 毒株，或者急性感染猪群经过一定时间的疫苗免疫后，猪场生物安全管控措施完善，也没有引种混群的情况下，猪群经过一定时间的封群，PRRSV 从猪群里消除，出现病原和抗体均转阴的状态。

二、猪繁殖与呼吸综合征病毒感染引起的病理变化

PRRSV 毒株间毒力差异较大，其感染所引起的病变严重程度及病变位置也有所不同。人工感染 4~28d，肺组织表现间质性肺炎，严重程度可以从局灶性到弥漫性分布；肺病变从轻度变硬且有弹性演化为中度坚硬且呈橡皮肺；肺颜色从棕褐色到暗紫色不等，并可表现出轻度到重度的肺水肿。HP-PRRSV 感染，肺可见出血，淋巴结肿大变

硬，甚至出血性变硬。13 日龄以内仔猪感染 PRRSV，可出现眼睑水肿、皮下水肿、阴囊水肿、结膜炎等症状。如果继发感染，则可出现相应的病理变化，如出血性坏死性胸膜肺炎、胸膜炎、心包炎、腹膜炎及脑膜炎等；肾轻度肿大，外观呈暗红色，切面有弥漫性条纹状出血；全身淋巴结肿大，切面呈灰白色。

肺间隔因巨噬细胞、淋巴细胞和浆细胞浸润而增宽；HP-PRRSV 感染时，还可见到多灶性出血，胸腺可出现从轻度到中度（多灶性）甚至重度（弥漫性）的淋巴样坏死病变，甚至胸腺完全消失。

此外，脾、扁桃体和派尔集合淋巴结出现淋巴组织破坏及增生等现象；心外膜、心肌、肾及大脑出现淋巴组织坏死性和增生性变化。

妊娠母猪子宫出现明显的病变，包括子宫肌膜和子宫内膜水肿，并伴有淋巴组织细胞引起的血管炎；5~6 月龄公猪感染后 7~25d，可出现生精小管萎缩，并且在萎缩的生精小管上皮细胞和凋亡缺损的精细胞内含有 PRRSV。

发生 PRRSV 感染的胎儿病变不明显，可出现肠系膜淋巴结及淋巴滤泡萎缩、间质性肺炎及多脏器的血管炎症。母猪常发生迟发性流产，产出不同比例的临床正常仔猪、体型较小仔猪或者弱仔，或者有一定比例的自溶死胎和木乃伊胎。这种现象在大多数繁殖障碍性疾病中可见，对 PRRSV 的诊断无鉴别诊断价值。没有自溶或者轻度自溶的胎儿，可观察到肾周水肿、脾韧带水肿、肠系膜水肿、胸腔及腹腔积液、脐带节段性肿大。

第三节
猪繁殖与呼吸综合征
病毒的水平传播

　　PRRSV 的水平传播是指 PRRSV 在不同阶段猪群中或相同阶段猪群之间，通过与感染猪或者感染猪的排泄物、分泌物的直接接触或者通过传播媒介将病毒传染给易感猪群，使易感猪群感染的过程。由于各年龄猪对 PRRSV 均易感，即母猪、公猪、产房仔猪、保育猪、生长育肥猪都是易感猪群，任何类型猪群感染，都可导致该病的发生和流行。在这些猪群中，由于其饲养利用年限不同，其在水平传播中的作用也存在差异。同一类型的猪群，只要有直接接触或者有传播媒介的存在，都可以把其污染的排泄物、分泌物传染给同类个体，导致水平传播发生。

　　PRRSV 持续感染猪的存在和通过分娩或者引入易感猪群共同驱使了该病在猪群内的流行。分娩母猪带毒，产房里与分娩仔猪接触后导致产房仔猪感染；易感断奶仔猪与感染断奶仔猪的混群，会导致大部分易感猪群迅速感染，特别是 8~9 周龄仔猪混群饲养时，一旦有感染猪混入，可导致 80%~100% 的易感仔猪发病。此种现象称为猪群内水平传播。

　　被感染的猪可以通过口腔和鼻腔分泌物、尿液，偶尔也可通过粪便排毒，从未感染过 PRRSV 的阴性母猪在妊娠后期接种病毒后，可通过乳腺分泌物排毒。所以被感染的猪、病毒污染的精液和气溶胶，均能引起 PRRSV 在猪群之间传播。有人认为集约化养殖过程中，80% 以上的新发感染可归因于邻近猪场的气溶胶、使用 PRRSV 污染的运输工具转运猪、缺乏完善的生物安全措施或者由昆虫媒介传播引起。现代养猪体系中人员、物资、设备及中转站的广泛连接，高密度养殖等因素均是引起 PRRSV 流行的高风险因素。

　　环境条件，包括温度、湿度、pH 等均会影响感染猪的排泄物、分泌物中 PRRSV 的环境存活时间，从而影响进入该环境中的易感猪是否感染。

第四节
猪繁殖与呼吸综合征
病毒的垂直传播

　　PRRSV 的垂直传播指 PRRSV 通过母猪生殖道的子宫内膜屏障感染胎儿，或者通过感染母猪的胎盘血液循环传播给胎儿，导致产出死胎、弱仔或者无症状感染仔猪。

　　母猪感染 PRRSV 后，病毒会在其体内进行复制，并通过血液循环系统传播到全身各组织器官。在母猪妊娠期间，病毒可通过胎盘屏障进入胎儿的血液循环系统。胎盘屏障是保护胎儿免受母体有害物质侵害的重要结构，但在某些情况下，如病毒感染、营养不良等，胎盘屏障的完整性可能会受到影响，使得病毒能够穿越胎盘屏障进入胎儿体内。胎儿的免疫系统在发育过程中相对较弱，对病毒的抵抗能力有限。因此一旦病毒进入胎儿体内，就可能在胎儿免疫系统尚未健全的情况下进行复制和扩散，导致胎儿感染，对胎儿的发育造成不良影响，如导致胎儿生长受限、畸形或死胎等。同时感染病毒的胎儿在出生后也可表现呼吸道症状、高热、食欲不振等，甚至可能因病毒感染而死亡。

　　值得注意的是，即使母猪感染了 PRRSV，并非所生仔猪均会被感染；通过母猪生殖道感染时，大多数 PRRSV 只有在妊娠后期才能有效穿过胎盘造成胎儿感染。感染时间试验表明，在妊娠 90d 时感染 PRRSV，不管是使用高毒力毒株还是低毒力毒株进行母猪接种，均可以相同的效率穿过胎盘感染胎儿。

　　公猪感染 PRRSV 后，公猪精液带毒和排毒持续期较长。人工感染公猪的精液排毒期为 43~110d；即使是接受修饰活疫苗（Modified Live Vaccine，MLV）注射的公猪，疫苗在精液中的排毒时间也长达 39d。由于精液带毒时间长，在进行自然交配或者人工授精时，PRRSV 通过母猪生殖道感染后传递给胎儿。

　　PRRSV 的垂直传播还受到多种因素的影响，如病毒的毒株类型、母猪的健康状况、饲养管理条件等。不同毒株的病毒在垂直传播方面的能力可能存在差异，而母猪的营养状况、免疫力及饲养环境的卫生状况等也会对病毒的垂直传播产生影响。

第五节
猪繁殖与呼吸综合征
病毒在猪场内的循环

猪通过鼻内、肌内、口腔、子宫内、阴道途径可感染 PRRSV。猪特别容易通过体外接触（破损的皮肤屏障）的方式发生感染。猪场中常规的饲养操作如打耳标、断尾、剪牙、皮肤标记、药物及疫苗注射等都可能成为 PRRSV 潜在感染的风险点。由于 PRRSV 感染后猪的口咽液排毒时间有数周之长，因此感染猪可以通过啃咬、划伤和擦伤等攻击性行为产生体外接触而增加感染易感猪群的风险。

此外，饲养管理人员、维修人员、物资（饲料、饮水、药物、生物制品）、运输工具、猪场设备设施、昆虫媒介、尘埃、气溶胶等均携带 PRRSV，引发其在猪场内循环传播。

后备母猪、经产母猪的持续感染带毒生产和排毒，是引发产房仔猪感染或保育仔猪感染的重要途径。母猪、生长育肥猪的带毒排毒，是气溶胶病毒的主要来源。PRRSV 在猪场内的循环与现代养猪的节律生产、养殖模式存在极大的关联性。

不管是两点式生产还是一点式生产，都很难将母猪、仔猪和育肥阶段严格分开。只要母猪维持阴性状态，两点式生产可以较好地保护产房仔猪不受感染，但难以保证保育猪在保育阶段不受生长育肥猪的持续带毒的气溶胶等环境因子所带来的感染风险影响。因此，保育猪易被感染，然后传递给育肥前期猪，形成所谓的"13~15 周龄墙"，断奶至保育阶段（4 周龄为中位数）、转群至育肥阶段（9 周龄），以及育肥前期阶段（15 周龄为中位数）的猪群，由于应激的发生，PRRSV 的感染风险高。

一点式生产，虽然从物理层面将母猪繁育、保育猪生产和育肥彻底分开了，但是由于采用封闭式通风系统，空气在猪场附近循环，如果其生物安全措施不完善，一旦引入 PRRSV 传染源，会导致 PRRSV 以气溶胶方式在猪场内持续循环，导致 PRRS 的发生。

由于生产循环不断，全进全出制度难以彻底贯彻执行，导致空栏清洗难以彻底、空栏消毒时间难以保证，对 PRRSV 的消杀效果难以达到预期，是 PRRSV 在养殖环境内存活并具有感染性的重要条件。

总之，PRRSV 在猪场内的循环链条包括感染猪群、各种携带病毒的媒介和阴性易感猪群。任何一个环节出问题，均会导致防控效果前功尽弃。

PRRSV 感染引发的后果较为严重，主要表现在以下几个方面：

（1）**母猪繁殖障碍，繁殖效率低下**　初产母猪易发生繁殖障碍，出现妊娠后期流产；经产母猪间或出现流产，易延迟发情或者返情率高。

（2）**保育猪、生长育肥猪较难饲养**　PRRSV 感染对猪全身免疫系统、呼吸道局部黏膜免疫系统，对免疫细胞、肺泡巨噬细胞功能均会造成不同程度的损害，猪群常常继发或者并发感染其他疾病，增加了保育猪和生长育肥猪的死淘率。在此影响下，感染猪群的免疫功能下降、影响其他疫苗（猪瘟疫苗等）的接种效果。

（3）**感染公猪精液品质下降，利用率降低**　PRRSV 感染的公猪的精子出现运动力下降、畸形或死精，可通过精液传播 PRRSV。

第六节
猪繁殖与呼吸综合征病毒变异重组

国际上将 PRRSV 分为欧洲型毒株（PRRSV-1 型）和美洲型毒株（PRRSV-2 型），我国目前分离的毒株主要属于美洲型，但在种猪场中也有欧洲型毒株的检出报道。PRRSV 属于 RNA 病毒，与 DNA 病毒比较，病毒本身具有更高的变异频率。

对于 PRRSV 的分型，主要基于病毒的囊膜糖蛋白 GP5 基因开放阅读框（ORF5）的测序基因序列分析。PRRSV-1 型主要流行于欧洲，PRRSV-1 型内毒株间核苷酸变异率超过 30%；PRRSV-2 型则主要分布于美洲和亚洲，PRRSV-2 型内毒株间核苷酸变异率超过 21%。PRRSV 各分离株之间存在明显的变异重组情况。PRRSV-1 型存在 4 个基因亚型，分为 12 个不同的分化枝（Clade），分别分布于东欧和西欧，其不同亚型毒株之间独立演化。PRRSV-2 型则被分为 9 个不同的谱系（Lineage），其中 7 个谱系的毒株主要流行于北美洲，2个谱系的毒株仅在东亚流行。由于生猪的全球贸易，PRRSV-2型已经开始了大范围的传播和演化。

在猪体内，病毒在自身抵抗力、野毒感染、疫苗毒株免疫的三重压力下，变异明显加快，分化出较多的亚型。1996年我国出现了NA-PRRSV（北美型PRRSV），2006年出现HP-PRRSV，2010年我国华南地区流行的主要毒株类型为QYYZ毒株，2013年出现了重组病毒类NADC30毒株，2017年报道了类NADC34毒株。从此，我国流行的毒株类型有NA-VR-2332（北美型经典毒株）、类MLV-VR-2332（活疫苗类VR-2332）、HP-PRRSV（高致病性猪繁殖与呼吸综合征病毒）、QYYZ毒株、类NADC30毒株、类NADC34毒株和PRRSV-1型毒株等，表现为多种亚型毒株共存。美国还报道了PRRSV 1-4-4新毒株。近年来，类NADC30毒株和类NADC34毒株在我国PRRS中占据主要地位，感染率逐年上升。

重组现象发生在野毒株与野毒株、野毒株与疫苗毒株、疫苗毒株与疫苗毒株之间，导致了更加复杂多变的重组毒株的出现。重组病毒也改变了对猪致病性的变化，出现了致病性的显著增强，特别是仔猪感染后出现明显的临床症状，表现为中度的间质性肺炎、高病毒血症和高抗体水平等，影响保育猪、生长育肥猪的出栏率。这些变异的积累，对于变异病毒的致病机制的认识和疫苗研发进展等都造成了较大的影响。

随着病毒不断变异重组，病毒的细胞嗜性不断发生改变，给病毒的分离带来很大困扰。在未来很长一段时期，将会出现NA-PRRSV、HP-PRRSV、MLV-VR-2332、类NADC30、类NADC34和中间型PRRSV群在田间循环存在的现象，给我国PRRS防控带来更大的挑战。

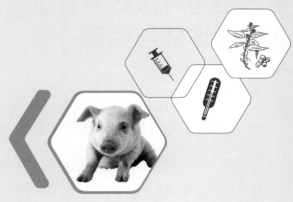

第二章
猪繁殖与呼吸综合征的
监测与评估

第一节
猪繁殖与呼吸综合征的
病原学诊断与监测

一、猪繁殖与呼吸综合征临床和生产数据的监测

在猪场 PRRS 波动早期发现 PRRSV 十分重要。首先依靠的是生产数据，最敏感的参数指标就是配种 2 周后食欲不振的母猪数量及流产数量，较为敏感的参数指标有断奶前仔猪的死亡率和新生仔猪损失数（如木乃伊胎、死胎等的数量）。鉴于大多数猪群不会每天进行诊断监控，因此生产数据是对诊断监控的良好补充和完善，管理人员监控猪群状态并发现与疾病暴发相关的警示信号（如迅速上升的流产率，或下降的断奶仔猪数量）。同时，不同猪群的生产力变化有差异，如疾病暴发时的群体免疫力及 PRRSV 毒力等因素均对暴发后生产的变化起重要作用。这也是建议同时持续监测多个指标参数的原因。

针对保育猪及生长育肥猪而言，有效监测 PRRS 的方式包括对采食量、平均日增重、死亡率及抗生素的使用量等生产参数进行观察，越早发现疾病暴发，可越早制定相关的防控策略，能够更有效地降低猪场的损失。

二、猪繁殖与呼吸综合征病毒的监测

对 PRRSV 进行监测，最重要的是选对采集的样品。美国艾奥瓦州立大学丹尼尔教授统计：美国艾奥瓦州、明尼苏达州、南达科他州、堪萨斯州和俄亥俄州 5 个兽医诊断实验室的诊断数据表明，2008 年口腔液样本出现前，血清样本和组织样本占主导；2012 年逐渐出现可替代样品类型，包括口腔液和血拭子；2017 年处理液出现，并且迅速成为主导的样本类型（图 2-1-1）。不同样品检测结果表明：血清和口腔液仍被用于确认断奶阶段仔猪的 PRRSV 状态及对所感染的 PRRSV 进行基因测序；但当考虑到所有猪群阶段时，口腔液依然是占主导的样本类型。口腔液经常用于监控生长育肥猪和后备母猪的 PRRSV 状态（图 2-1-2）。

当前出现了更多的样品采集方法用以监测猪群的 PRRSV 状态，如采集舌尖液（TTF）与家族口腔液（FOF）。采集 TTF 检测 PRRSV 的方法实用、简单、价格低廉，

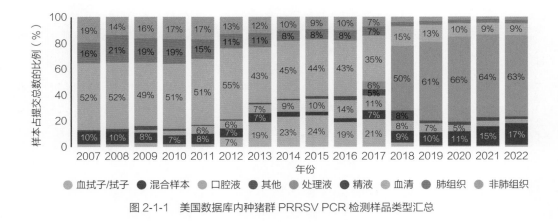

图 2-1-1　美国数据库内种猪群 PRRSV PCR 检测样品类型汇总

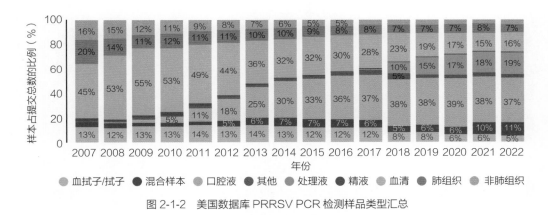

图 2-1-2　美国数据库 PRRSV PCR 检测样品类型汇总

且利于基因测序，但其仍然是以个体猪为基础的，与对应的血清 PCR 相比更加实用，但灵敏度略低。采集 FOF 用以检测 PRRSV 的方法对整个猪舍的敏感度高，简单实用，可同时用于 ELISA 检测与 PCR 检测；与血清 PCR 进行对比，当达到同样的置信区间时，需要的样品量更少；但需要注意的是由于 FOF 检测结果以窝为单位，并不总是与处理液监控结果一致，另外 FOF 检测结果通常会达到 30 以上的 CT 值，并不适用于病毒分离培养及基因序列测定。

同时，值得注意的是处理液在 PRRS 阳性稳定场是非常好的检测样品，其与血液样品相比具有更高的群体敏感性；但在 PRRS 阳性不稳定场，更建议联合使用处理液与血清样品。

为监测 PRRSV 采集样品的类型多样，各有优缺点，在实际的应用中应该结合猪场生产一线不同的情况采取不同的采样方法，达到实用、经济、高效的目的。

1. 血清

血清样本适用范围广泛，结果可靠，可用于各年龄段猪群的 PRRSV 检测。血清样本可用于血清学检测（ELISA、IFA）、PCR 及基因测序等多种检测方法，用于确定栏、单元或整个猪舍水平的疾病流行情况。但当群体流行率低时，需增加样本数量才能保证良好的群体敏感性。ELISA 阳性表明猪群过去或者近期曾感染 PRRSV，而 PCR 阳性通常表明 PRRSV 正在猪群内传播。

需要注意采集血清样品可能会引起猪应激甚至死亡，容易造成病毒传播，需要对猪场员工进行操作培训。可采用以下步骤采集血清样本。

1）操作人员用未沾血的手温柔地展开猪颈部，注意不要影响猪正常呼吸。

2）使用注射器从颈静脉采集血液，最好从猪身体右侧采集。

3）确保针头与皮肤处于垂直的状态，入针点位于最深处颈静脉。

4）调整针头角度和深度直到血液流出；若要重新调整位置，将针头拉出，调整角度，增加或减少进针深度。

5）一旦血液流出，至少采集 2mL 血液用于诊断；移除针头前留意进针的位置和深度，为下次采集提供参考。

6）将血液从注射器转移至收纳管中，然后立即冷藏样品以便运输；采血结束后，检查猪在栏位中是否正常活动。

2. 处理液

处理液样本通常采自 2~5 日龄仔猪，此类样本结果对判定单元水平的感染状态检测敏感度高，简单实用，可用于血清学检测（ELISA）和 PCR 检测。该类型样本 ELISA 阳性代表猪群感染过 PRRSV 或存在母源抗体，PCR 阳性代表在仔猪出生阶段仔猪群有病毒传播。处理液样品适合用于 PRRSV 监控。当连续数周监测出现阴性结果时，建议在仔猪断奶年龄段进行一次检测以确认阴性状态。

需注意，2~5 日龄仔猪可能无法代表整个猪群或分娩 - 断奶阶段猪群的 PRRSV 状态。处理液的高敏感度是因为包含了睾丸组织、血液和淋巴液等。因此，如果猪群不进行去势（仅是断尾），处理液的敏感度会明显降低。

可采用以下步骤采集处理液样本。

1）当阉割仔猪时，将尾巴和睾丸放入干净的塑料袋中作为组织样品。

2）取一个干净的容器，在容器上放置一个干净的塑料袋。

3）在容器的开口上放置棉纱布，用橡皮筋固定住棉纱布和塑料袋。

4）将样品组织倒在棉纱布中，让组织液流入塑料袋中。

5）抓住棉纱布的边缘让组织汇聚于棉纱布中，轻轻按压。

6）将液体从塑料袋转移至锥形管，及时对需运输的样品进行降温或冷冻保存。

3. 家族口腔液

家族口腔液适宜在仔猪断奶前在产房采集，样本的结果对判定整个猪舍内的感染状态的检测敏感度高，简单实用，可用于血清学检测（ELISA）和分子检测（PCR）。与血清样本相比，家族口腔液仅需较少的样本数就可保证同等的检测可信度。该类样本 ELISA 检测结果阳性代表环境中存在 PRRSV，PCR 检测结果阳性代表断奶阶段存在病毒传播。

由于家族口腔液用于确认断奶窝的阴性状态，检测结果的 CT 值通常比较高（CT值大于 30），因此通常不适用于基因测序。此类样本的结果是以窝为单位的，而不是针对个体动物，所以结果并不总是与处理液监测结果一致。

可采用以下步骤采集家族口腔液样本。

1）拆散一节没有沾染漂白液的棉绳，分成 3 小节，用于仔猪家族口腔液收集。

2）将棉绳绑定在栏位的前面，位于母猪饮水器的对侧，绳索距离地面 2~3cm。

3）打结固定棉绳，确保棉绳不被母猪解开。

4）口腔液的收集时间为 30min，收集完成后将棉绳放入封口袋进行挤压（可以在棉绳仍绑在栏位时进行此操作），并把液体转移到离心管中；打开封口袋，移除并丢弃棉绳。如果在同一个分娩舍合样，采集时无须更换手套，但当在不同分娩舍采集时则需要更换手套。

4. 舌尖液

舌尖液样本可用于检测各种年龄段的死猪，是基因测序的常用样品（因为样品干净且容易获得较低的 CT 值），在不进行阉割的猪场中可用于替代处理液样本。该样本 PCR 阳性代表相应年龄段的猪群中有病毒传播。如果死产仔猪呈阳性，则表明妊娠母猪存在病毒循环，导致垂直传播。

注意这种检测方法是以个体为基础的检测，如果有较多死胎或仔猪断奶前死亡率较高，可以获得足够的样本。与血清 PCR 相比更实用，但敏感度略低，样本需冷藏保存。

可采用以下步骤采集舌尖液样本。

1）将舌头夹出嘴外。

2）用干净的剪刀或手术刀剪下 2~3cm 的舌尖。

3）根据批次、地点、日期、年龄等放入袋中。

4）将放舌尖的袋子在冷冻条件下存放，舌尖放置于袋中直至收集期结束。

5）解冻袋子，会在袋子底部获得液体，可以用注射器收集；将舌尖液样本送到实验室检测。

5. 口腔拭子

口腔拭子样本可用于各年龄段猪的 PRRSV 检测，在猪群中 PRRS 流行率较高时是理想的检测样本，可作为家族口腔液检测的替代选择。PCR 阳性代表相应样本的年龄组中有病毒传播。

需注意的是，本方法仍然是基于个体的监控。与血清 PCR 相比更实用，但灵敏度较低。不可用于血清学检测。

三、猪繁殖与呼吸综合征的血清学监测

临床上可将猪群按照生产流程分为多个小群体（如将种猪分为种公猪、后备母猪、妊娠中期母猪、妊娠后期母猪、哺乳母猪），也可将猪群按年龄阶段进行分群（如将猪群分为 30 日龄、60 日龄、90 日龄、120 日龄、150 日龄等小群体或按照周龄进行分群），每个阶段（每个小群体）应采集适当份数样品，种公猪应全部采样监测。后备母猪入群监测，应全部采样，最好能监测 1~2 次，间隔 2 周。

对 PRRSV 抗体的检测常采用 ELISA 方法。检测 PRRSV 的抗体有两类：一类是检测 N 蛋白抗体，它出现早，消失快；另一类是检测 GP 蛋白抗体，它出现较晚，持续时间较长。对于 PRRSV 抗体检测试剂盒的选择要根据检测的目的，从检测结果与临床表现、感染状态、免疫状态的对应关系，以及试剂盒的稳定性等方面进行综合考虑。

第二节
毒株溯源和重组分析

在临床上，PRRS 防控时，一般通过对 PRRSV 的基因测序来进行毒株的重组分析。不同 PRRSV 分离株之间的亲缘关系可通过对 ORF5、ORF6 或 ORF7 等序列进行比较。注意：对于单个血液样本，一代测序需要 CT 值低于 32；CT 值大于 32 的样本由于病毒的含量不足，难以进行基因测序。应该尽量避免使用唾液和血清混合样本进行基因测序，一方面混合样本更容易包含多种毒株，另一方面混合样本会稀释样品，降低病毒的含量。

通过基因测序可区分不同毒株、区分疫苗毒株和野毒株，并获得有用的流行病学信息以确定感染源，如猪场有几种毒株，哪种是流行毒株，是否存在病毒重组。一般建议每 6 个月对引起流行或者暴发疾病的毒株进行测序，这样才可以确定病毒的主要来源及其在猪场或者某一区域的循环状况。可以利用这些信息来建立更好的 PRRS 控制措施。

PRRSV 具有快速变异与演化的特性，近年来我国 PRRSV 流行多样性不断增加，主要以类 NADC30、类 NADC34、类 QYYZ、疫苗演化毒株及不同谱系的重组毒株为主，给我国养猪生产带来了新的挑战。基因测序作为一种分子检测技术已广泛应用在未知病毒检测、病毒基因组研究、病毒遗传变异与演化等病毒学研究领域的众多方面。临床上明确猪群 PRRSV 的感染状态，了解猪群新传入或循环传播的 PRRSV 毒株，对 PRRS 的防控具有重要意义。

由于我国生猪养殖密度大且生猪及其相关产业发展迅猛，频繁的国外引种、生猪调运及 PRRSV 活疫苗的无序使用等各种问题普遍存在，PRRSV 在多种筛选压力下进行着广泛的变异与演化，自然变异毒株、疫苗演化毒株及重组毒株层出不穷，给我国 PRRS 的防控带来了极大挑战。基因测序是一种基因检测技术，随着二代测序技术的出现，现已广泛应用于临床医学中未知病原体鉴定、耐药基因检测、遗传病早期筛查、肿瘤早期诊断及精准治疗等各个方面。在病毒学研究领域，基因测序主要应用于病毒基因组研究及病毒的遗传演化规律研究。

第三节
猪繁殖与呼吸综合征
日常预警

　　早期预警系统在 PRRS 的预防性措施中扮演着重要角色。通过监测猪群的健康状况和动态变化，及时发现异常情况和病例，将潜在疫情风险纳入监控范围。一旦发现疫情出现的早期迹象，早期预警系统能够迅速启动应急响应机制，采取针对性的预防措施，阻断病毒传播链，最大限度地减少疫情对养猪业的影响。为确保早期预警系统的有效性，需要建立完善的监测体系和信息共享机制。监测体系应包括对猪群健康指标、养殖环境和采样数据的实时监测，确保监测数据的准确性和时效性。信息共享机制则需要加强政府、养猪企业和兽医机构之间的合作与沟通，实现疫情信息的及时传递和资源的共享。只有通过早期预警系统的有效运行，才能更好地引导预防性措施的制定和落实，提高疫情的应对能力和预防效果。

　　图 2-3-1 显示了一个理想化的 PRRS 早期预警系统的几个要素。在收集这些要素过程中注意不断完善防控信息系统模块，布局完整信息网络体系；优化实验室信息系统数据分析，强化监测预警构建；严把审核关，保证信息收集和录入准确性；查找关键点，强化信息技术推广应用。

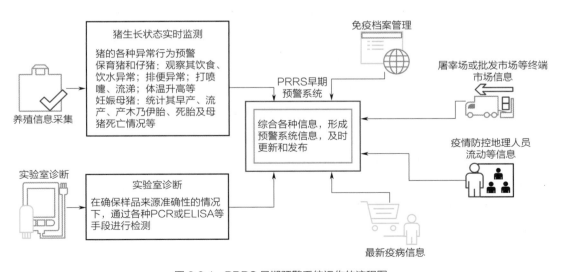

图 2-3-1　PRRS 早期预警系统运作的流程图

在疫苗免疫过程中要注意建立完善的档案体系，具体的疫苗免疫后的风险和处理可以参考图 2-3-2。

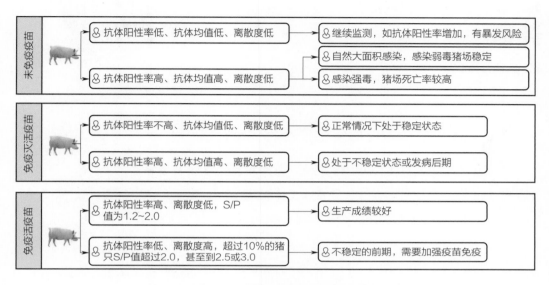

图 2-3-2 猪场常见 PRRSV 免疫后的风险指标和处理

另外，在猪场的日常管理中也要及时观测各种风险指标，一些常见的 PRRSV 高度相关风险指标见图 2-3-3。但是要注意 PRRSV 的风险指标不限于图表中所示，可以收集更为早期的指标丰富早期预警系统。

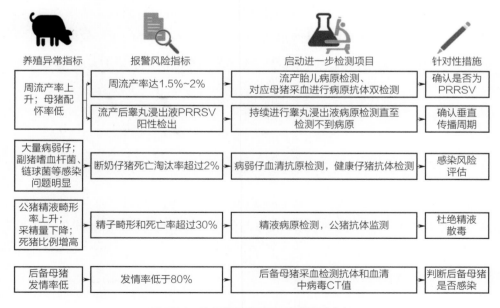

图 2-3-3 猪场常见 PRRSV 相关风险指标

第四节
疫苗免疫效果的
评估

一、我国猪繁殖与呼吸综合征商品化疫苗的种类

目前我国市场上有多种 PRRS 疫苗，分别为经典毒株灭活疫苗和活疫苗、高致病性毒株活疫苗，涉及 9 个毒株，分别为 CH-1a 株、Ingelvac PRRS MLV 株、M-2 株、R98 株、NVDC-JXA1 株、HuN4-F112 株、GDr180 株、TJM-F92 株及 PC 株。

二、猪繁殖与呼吸综合征疫苗的免疫效果及安全性

1. 经典猪繁殖与呼吸综合征疫苗

（1）**灭活疫苗** 虽然 PRRS 灭活疫苗具有安全性好、不散毒和毒力不返强等优点，但是也存在免疫剂量较大、免疫次数较多和免疫产生期较长的缺点，一般认为经典 PRRS 灭活疫苗对 PRRS 的免疫效果有限或不确定。

（2）**活疫苗** 一般认为经典 PRRS 活疫苗具有免疫后可得到较高的阳性率、免疫期长等优点，其对 2006 年以前流行的 PRRS（即经典 PRRS）的预防效果较好，但是对高致病性 PRRSV 的保护力较差。另外，活疫苗在安全性方面依旧存在一定的争议。虽然国内的研究认为经典 PRRS 活疫苗是安全的，但国外学者试验结果表明 PRRS 活疫苗毒株可经胎盘感染胎儿、可通过精液排毒，甚至有些猪群在免疫后表现出急性 PRRS 样症状且在同场的未免疫母猪的胎儿、死胎体内分离到疫苗来源的病毒。

2. 高致病性猪繁殖与呼吸综合征活疫苗

目前，我国很多猪场在使用高致病性 PRRS 活疫苗免疫猪群，近几年的实践证明该疫苗能有效地控制高致病性 PRRS 的发生与传播，极大地减少了养殖户的经济损失，但是值得注意的是，由于该疫苗所用毒株的毒力相对较强，在免疫时要严格按照说明书的剂量进行，不要随意增加免疫剂量。

三、商品化疫苗的评价

对商品化 PRRS 疫苗的评估可分实验室评价和临床评价两个环节。实验室评价部分主要是评估疫苗生产的质量，临床评价主要是评估养殖生产的数据和安全性影响。

（1）**实验室评价**　实验室常见评价指标见图 2-4-1，由于活疫苗是细胞生产的疫苗，因此可能存在外源病毒、内毒素、杂蛋白等污染情况，同时由于不同批次细胞状态不同，其活疫苗的毒价也不稳定，一些小厂生产的活疫苗在不同批次间毒价稳定性差。而灭活疫苗则由于其免疫源性差，通常添加佐剂刺激免疫系统，因此佐剂的添加会导致疫苗的黏度、粒径、乳化率等出现改变，从而造成灭活疫苗推入的舒适度和引起的应激炎症反应不同，故而这些指标也值得关注。

图 2-4-1　PRRS 疫苗的实验室常见评价指标

（2）**临床评价**　临床评价中，PRRS 疫苗免疫后的评价指标大致有四种，即应激率、抗体 S/P 值、中和抗体产生率和死亡淘汰率（图 2-4-2）。其中活疫苗的评价指标除了以上四种外还应检测其是否存在病毒血症或免疫抑制，其是否存在免疫抑制可通过猪瘟抗体的免疫应答评估。

图 2-4-2　PRRS 疫苗的临床评价指标

第五节
后备母猪引种的检测
和评估

　　近年来，我国生猪养殖业发展迅速，猪生产性能得到普遍性提高。猪生长发育各阶段的成活率、饲料利用率、生产性能和出栏率较以往有很大的改善。但随之而来的是疾病发病率也不断提高。另外，由于养殖场引种频率加大、饲养密度过高、营养限制、防疫体系不完善等因素导致大规模养殖场内疾病由单一病原转变为多病原，给生猪养殖业造成巨大的经济损失，严重阻碍我国生猪养殖业的发展。

　　1）引种时要做好相关病原的检测，尽量引 PRRSV 检测抗原、抗体阴性的猪，饲养 PRRS 双阴性猪。

　　2）如果本场有 PRRS 阳性猪，而引种的是 PRRS 双阴性的猪，建议采用和本场所用相同的 PRRS 疫苗毒株进行免疫，也可使用本场血清进行驯化，或用本场的老母猪进行同居感染，从而使拟进群的全部后备母猪感染 PRRSV，抗体全部转为阳性，在隔离场单独饲喂至 PRRSV 的荧光定量 PCR 检测病原为阴性后，方可进群（表 2-5-1）。

表2-5-1 后备母猪进群的监测方案范例

项目	日龄/d	猪瘟/口蹄疫抗体	PRRSV抗体	PRRSV核酸		伪狂犬病		非洲猪瘟		病毒性腹泻
			双阴场	双阴场	阳性场	gE抗体	gB抗体	核酸	抗体	5份样品混合为1份检测核酸
免疫结束采样	170~180	30头	30头	30头	全群	30头	30头	30头	30头	
入群前采样	190~220				全群	30头	30头	30头	30头	30头
样本类型	—	血清	血清	血清+咽拭子	咽拭子	血清	血清	血清+咽拭子	血清	粪便+肛拭子
免疫驯化目标	—	阳性率≥90%	阳性率=0	阳性率=0	阳性率=0	阳性率=0	阳性率≥90%	阳性率=0	阳性率=0	阳性率=0
备注说明		阳性率低于90%，需全群采样，阴性猪补免，3周后复测抗体，阴性淘汰	S/P值高于0.3的需要隔2周采样复测	若30头内检测到阳性，则全群采样	连续2次咽拭子全群采样，PRRSV抗原阴性才能入人群，第2次采样后24h内完成转群工作	若30头内检测到阳性，则全群采样；注意假阳性的平行复测		根据外部非洲猪瘟感染压力，按照95%置信区间2%~5%发病检出率确定检测数量	如有阳性，使用3个不同品类试剂盒进行鉴别	返饲期间另论

第三章
猪繁殖与呼吸综合征
防控与净化措施

第一节
猪场猪繁殖与呼吸综合征等级评估

PRRS 等级评估有助于兽医等从业者的交流，有利于 PRRS 防控。对猪群 PRRS 状态进行等级评估有助于兽医和生产管理者就干预措施、猪群流转、空栏时间和人员在猪群间活动进行沟通，通过跟踪 PRRS 暴发的频率，让兽医和生产管理者更好地了解生物安全措施是否完善。根据猪场 PRRS 发病情况不同，分以下等级进行评估。

一、阳性不稳定场，高流行率

猪群近期暴发 PRRS，哺乳仔猪持续性高排毒、高感染率。特征性临床症状包括母猪采食量减少、食欲废绝、流产，产死胎、弱仔或木乃伊胎；哺乳仔猪死亡率较高；经产母猪和哺乳仔猪 PRRSV 抗体阳性率高；血清、处理液、口腔液及其他样品中 PRRSV 核酸检出率高。

二、阳性不稳定场，低流行率

断奶仔猪群处于 PRRS 低流行率状态，并持续 90d 以上。断奶仔猪血清 PRRS 荧光定量 PCR 阳性结果时断时续，表明排毒和传播处于低水平状态。后备猪群和经产母猪群的 PRRS 荧光定量 PCR 检测结果也可能出现阳性，但比例较低。所有年龄段的猪群均可检测到 PRRSV 抗体。

临床症状轻微或者没有。PSY（Pigs weaned per Sow per Year，每头母猪每年所能提供的断奶仔猪头数）、总产仔数、产活仔数和分娩率等生产数据基本恢复到发病前水平。

三、阳性稳定场

通过多次检测，连续 90d 内断奶仔猪没有 PRRS 病毒血症，典型特征是持续产生阴性的断奶仔猪。经产母猪群的 PRRS 流行率非常低，临床症状轻微，生产成绩达到发病前水平。大多数情况下，后备母猪和经产母猪群的 PRRS 荧光定量 PCR 检测为阴性，繁殖猪群 PRRSV 抗体为阳性。

种猪群的所有群体不再免疫 PRRS 疫苗，除了后备母猪在隔离驯化期间还使用 PRRS 活疫苗免疫，但要求在进入经产母猪群时不得排毒。

四、免疫阳性稳定场

通过多次检测，连续 90d 内断奶仔猪没有 PRRS 病毒血症，典型特征是断奶仔猪 PRRS 荧光定量 PCR 检测持续维持阴性。当 PRRS 荧光定量 PCR 结果为阳性时，需要进行基因测序以判断 PRRS 阳性样品是野毒株还是疫苗毒株。

后备母猪群、经产母猪群和仔猪群免疫 PRRS 活疫苗。如果哺乳仔猪使用 PRRS 活疫苗，检测采样应安排在 PRRS 活疫苗免疫之前。另外，后备母猪在隔离驯化期免疫 PRRS 活疫苗作为提高免疫水平的策略。

正常情况下，PRRS 疫苗免疫后猪群会出现短暂轻微的临床症状，或者缺乏临床症状，并且很快恢复生产。后备猪群和经产猪群的 PRRS 荧光定量 PCR 检测结果大部分为阴性，仅偶尔检出使用的疫苗毒株。这种猪群的繁殖母猪群 PRRSV 抗体几乎全部为阳性，后备猪群 PRRSV 抗体可能为阳性，也可能为阴性。猪群进入或保持阳性不稳定低流行率、阳性稳定（不免疫疫苗）和阳性稳定（免疫疫苗）PRRS 状态的检测证据见表 3-1-1。

表 3-1-1　猪群进入或保持阳性不稳定低流行率、阳性稳定（不免疫疫苗）
和阳性稳定（免疫疫苗）PRRS 状态的检测证据

分类	阳性不稳定低流行率		阳性稳定（不免疫疫苗）和阳性稳定（免疫疫苗）	
检测目的	进入	保持	进入	保持
检测样品种类	断奶仔猪血清	断奶仔猪血清	断奶仔猪血清	断奶仔猪血清
最小采样量	30 头	30 头	60 头	30 头
混样方法	5 个样品混合为 1 个样品	5 个样品混合为 1 个样品	5 个样品混合为 1 个样品	5 个样品混合为 1 个样品
检测方法	荧光定量 PCR	荧光定量 PCR	荧光定量 PCR	荧光定量 PCR
检测频率	每月 1 次，持续 90d 或至少 4 个批次	每月 1 次或每批次	每月 1 次，持续 90d 或至少 4 个批次	每月 1 次或每批次

（续）

分类	阳性不稳定低流行率		阳性稳定（不免疫疫苗）和阳性稳定（免疫疫苗）	
检测结果分析	≥1个阳性样品表明群体阳性	≥1阳性样品表明群体阳性	≥1个阳性样品表明群体阳性	≥1个阳性样品表明群体阳性
进入或维持分类要求	75%样品每月或每批次检测为阴性	75%样品每月或每批次检测为阴性。阴性样品<75%转入阳性不稳定高流行率	100%样品每月或每批次检测为阴性	100%样品每月或每批次检测为阴性。如果出现阳性样品转入阳性不稳定低流行率或高流行率

五、临时阴性场

通过闭群或者其他方法净化了 PRRS 的场为临时阴性场。为了证明猪群净化了 PRRS，阴性后备母猪以哨兵猪的身份进入猪群，之后至少 60d 内的 PRRS ELISA 抗体检测保持阴性。为了保证哨兵猪的效果，要求 PRRS 阴性后备母猪与场内的经产母猪群鼻对鼻接触，并且生活在同一个空间。猪群的猪不会排毒，但可能曾经感染过病毒。

六、阴性场

此等级猪群既不排毒，PRRSV 抗体也是阴性。新建猪群全部引入阴性后备猪也归为此等级。猪群进入或保持临时阴性场、阴性场的 PRRS 状态的检测证据见表 3-1-2。

表 3-1-2　猪群进入或保持临时阴性场、阴性场的 PRRS 状态的检测证据

分类	临时阴性场		阴性场	
检测目的	进入	保持	进入	保持
检测样品种类	进入猪群 60d 内的阴性后备母猪血清	进入猪群 60d 内的阴性后备母猪血清	经产母猪群血清	经产母猪群血清
最小采样量	60 头	30 头	60 头	30 头
混样方法	不混样	不混样	不混样	不混样
检测方法	ELISA 检测	ELISA 检测	ELISA 检测	ELISA 检测
检测频率	1 次	每半年 1 次	1 次	每半年 1 次

（续）

分类	临时阴性场		阴性场	
检测目的	进入	保持	进入	保持
检测结果分析	排除假阳性后，≥1个阳性样品表明群体阳性	排除假阳性后，≥1个阳性样品表明群体阳性	排除假阳性后，≥1个阳性样品表明群体阳性	排除假阳性后，≥1个阳性样品表明群体阳性
进入或维持分类要求	群体检测1次为阴性	每半年1次检测均为阴性；如果有阳性转入阳性不稳定低流行率或高流行率	群体检测1次为阴性	每半年1次检测均为阴性；如果有阳性转入阳性不稳定低流行率或高流行率

第二节
猪繁殖与呼吸综合征
防控的关键点

PRRS疫苗对不断变异的PRRSV防控临床效果有限，因此PRRS防控需要采取综合防控措施。首先要重视生物安全体系建设，此外还要做好猪群健康管理、定期检测、疫苗的适时免疫等措施。PRRS防控关键点及主要目的见表3-2-1。

表3-2-1　PRRS防控关键点及主要目的

关键点	主要目的
生物安全体系建设	减少病毒的传播
合理的疫苗免疫	产生保护性抗体，提升猪群抵抗力
合理的药物保健	防止猪群继发感染
分群管理	减少猪群交叉感染的概率

（续）

关键点	主要目的
规范化生产管理	提升猪群健康度
持续监测评估	及时采取防控措施

一、生物安全管控

猪场生物安全管控包括外部生物安全管控和内部生物安全管控两个部分。对于猪场外部生物安全管控，目的是切断 PRRSV 的传播途径，防止 PRRS 新毒株传入场内，采取的措施包括引种过程中禁止引入 PRRSV 阳性后备母猪；确保公猪精液不带毒；运输工具严格清洗、消毒、烘干；人员进猪场前进行淋浴、更换衣服等，随身携带的手机、电脑等物资进行严格消毒、熏蒸处理。对于猪场内部生物安全管控，目的是降低猪场内 PRRSV 的污染与病毒载量，阻断 PRRSV 在猪群之间循环与传播，采取的措施包括：批次化生产、全进全出；猪舍定期带猪消毒、猪场内环境定期消毒、猪场设施定期清洗消毒，母猪注射采取一头猪一针头，保育猪和生长育肥猪每栏更换针头；禁止饲养管理人员串舍，净道与污道分开，及时淘汰发病猪；猪舍增加空气过滤系统。生物安全体系建设的关键点是猪场人员生物安全意识的建立和生物安全管控措施的真正落地（猪场生物安全体系建设具体内容见本书第六章）。

二、合理使用疫苗

疫苗免疫是预防 PRRS 发生的有效手段，根据猪场的实际情况制定科学合理的免疫程序，把握猪群免疫的最佳时机，掌握 PRRSV 抗体保护率的消长情况，形成有效的免疫屏障，保障猪的健康生长。针对 PRRS 发病场，免疫策略为抑制 PRRSV 活跃性，控制继发感染、最大限度降低猪场的损失，使用 PRRS 灭活疫苗紧急免疫，间隔21d 再使用 PRRS 灭活疫苗加强免疫 1 次；针对 PRRS 阳性猪场，持续有后备母猪引入，防控策略是保持 PRRS 阳性稳定，根据监测情况免疫 PRRS 活疫苗，加强免疫使用 PRRS 灭活疫苗，或者在大群活跃时只免疫灭活疫苗。如果猪场逐步稳定，不再引进后备母猪，防控策略为封群净化，PRRS 活疫苗一次性免疫，后续使用 PRRS 灭活疫苗加强免疫。

三、后备母猪驯化

通过自然感染（阴性后备母猪在隔离区与健康经产母猪混养）、PRRS 活疫苗接种（选择对型的疫苗）等方法进行后备母猪的驯化，尽量保证只有单一毒株在场内传播。后备母猪在引入猪群前使用 PRRS 活疫苗免疫的方式控制病毒的循环传播。后备母猪驯化可采用如下策略：①与 PRRSV 感染猪接触；②接种 PRRS 活疫苗。对 PRRS 的防控来讲，后备母猪驯化是第一位的，其次是毒株的选择，再次是做好实验室持续监测。详细的后备母猪驯化流程见本章第三节。

四、环境控制

首先，保证饲料和水质达标，不同阶段的猪，饲喂符合各自营养需求的全价饲料，以保证充足的营养供应。其次，保证猪群合理的采食和充足的饮水，在不能保证猪群有效采食和饮水的情况下，猪群健康情况变差，抗病力下降，容易引起 PRRS 的发生。再次，秋冬季节确保猪舍保暖通风，通风量不足导致 PRRSV 累积是秋冬季节易诱发 PRRS 的重要因素；高温高湿的夏季，做好猪舍的通风和防暑降温工作，保持猪舍温湿度适宜；保证适度的群体规模与合理的饲养密度。必要时饮水中添加电解多维，提高猪群抗感染阈值，增强猪群的抗病力。不同阶段环境控制参数推荐值见表 3-2-2。

表 3-2-2　不同阶段环境控制参数推荐值

阶段	体重 /kg	温度 /℃	冬季最小通风量 /（m³/h）	湿度（%）
公猪	182	18	24	60~80
妊娠母猪	182	18	25.2	60~80
待产母猪	182	18	33.6	60~80
在产母猪	182	20	33.6	60~80
哺乳母猪	182	18	33.6	60~75
0~7 日龄	—	30~32（小环境）	—	60~75
8~14 日龄	—	28~30（小环境）	—	60~75
15~21 日龄	—	26~28（小环境）	—	60~75
21 日龄	5.4	26	3.4	60~70
30 日龄	8.4	26	3.8	60~70

（续）

阶段	体重 /kg	温度 /℃	冬季最小通风量 /（m³/h）	湿度（%）
44 日龄	14	23	5.0	60~70
58 日龄	23	21	6.6	60~70
72 日龄	33	19	8.7	60~70
86 日龄	45	19	9.9	60~70
100 日龄	57	18	12.1	60~70
114 日龄	70	17	14.1	60~70
128 日龄	83	16	16.5	60~70
150 日龄	96	16	20.0	60~70
164 日龄	115	16	22.1	60~70
178 日龄	127	16	23.0	60~70

五、生产管理

生产中尽量避免采用一点式生产模式，该模式会带来疾病在场内循环的风险高于两点式或者多点式生产模式。避免猪群大规模移动，如后备母猪入群、大规模调整妊娠舍，妊娠 35d 内转群等。种猪场提倡自繁自养，有研究表明：一次性引入未来 6 个月的后备母猪，猪群闭群饲养 200d，PRRS 可自然转阴。阴性场或者 PRRS 阳性稳定场可以在本场自留后备母猪，避免从外部引种及不同来源猪合群带来的风险；PRRS阳性不稳定场禁止本场自留后备母猪，防止造成 PRRS 在猪场内循环。

六、检测与监测

PRRS 检测方案可参照表 3-2-3，通过检测可判定猪场 PRRS 是否稳定。①种猪场：猪群 PRRS 病原阴性，抗体整体呈下降趋势。其断奶仔猪 PRRS 病原阴性；8~12 周龄 PRRS 病原没有转阳。说明该猪场为 PRRS 阳性稳定场，否则说明该猪场为 PRRS 阳性不稳定场。②育肥场：死淘率小于 3.5%，无喘气猪，无副猪嗜血杆菌继发感染、无链球菌继发感染。说明该猪场为 PRRS 阳性稳定场，否则说明该猪场为PRRS 阳性不稳定场。

表 3-2-3　PRRS 检测方案

项目	PRRS 监测方案	频次	PRRS 病原检测方式
产房	精液 2 份 / 批次（1 份 / 单元）	1 次 / 周	单检
	断奶弱仔猪咽拭子或血液，10 头 / 批次（5 头 / 单元）	1 次 / 周	5 个样品混合为 1 个样品
母猪	母猪周流产率超过 2%（流产数量 / 周配种数量 ×100%），根据兽医诊断，采集母猪口腔液，监测 PRRSV	发生时	单检
	大栏后备培育舍按 20% 栏位比例采集口腔液，每栏为 1 个荧光定量 PCR 样品	1 次 / 月	单检
公猪站	每月随机采集 1/6 公猪咽拭子，精液荧光定量 PCR 检测	1 次 / 月	5 个样品混合为 1 个样品
	公猪站每月抽检 1/6 公猪，6 个月实现 100% 全检，检测 PRRSV 抗体（适用于双阴性场）	1 次 / 月	单检
保育育肥段大栏	60~70 日龄 /100~120 日龄猪群采集 20% 栏位口腔液	批次监控	5 个样品混合为 1 个样品

第三节
后备母猪驯化流程

　　为保障种猪场引种顺利，后备母猪应充分驯化、免疫合格，需要对后备母猪 PRRS 驯化流程进行规范，入群前再采样进行检测，检测合格的后备母猪才能进入繁殖群。

一、引种前检测

后备母猪引种前检测方案见表3-3-1。

表3-3-1 后备母猪引种前检测方案

采样时间	项目	母猪	公猪	抗原	抗体
引种前15d内	口鼻腔拭子	50份	公猪全采	ASFV（5个样品混合为1个样品）	—
	肛门拭子	50份		PEDV（5个样品混合为1个样品）	—
	血样	引种后备母猪10%采集血清样（采样量≥50头，包含各周龄段）		ASFV全检（5个样品混合为1个样品）；50份血样（5个样品混合为1个样品）检测PRRSV、CSFV	ASF全检；50份血样检测PEDV、PRRSV、CSFV、PRV-gE、PRV-gB、FMDV-O

注：1. ASFV为非洲猪瘟病毒，PEDV为猪流行性腹泻病毒，CSFV为猪瘟病毒，PRV为猪伪狂犬病病毒，FMDV为口蹄疫病毒。

2. 合格标准：ASFV阴性、PRV-gE阴性，抗体与免疫时间对应。

二、后备母猪集中管理

后备母猪在80~150日龄（约3个批次）集中到场外专门的后备隔离舍进行驯化。

三、后备母猪隔离与驯化

后备母猪驯化，指的是在繁殖场之外设立独立的隔离驯化栋舍，阴性的后备母猪在此处饲养，使用合适的PRRS活疫苗免疫所有的后备母猪，仅当确定种猪群已经达到稳定状态才可将检测合格的后备母猪（或已配种后备母猪）移至种猪群。生物安全与持续监测对于防止外源PRRSV感染后备母猪至关重要。当前一般采用连续2次PRRS活疫苗免疫进行驯化。后备母猪建议免疫程序见表3-3-2。

表3-3-2 后备母猪建议免疫程序

类别	类型	免疫时间	疫苗名称	免疫剂量	使用方法	推荐针头型号
后备母猪	批次普免	120日龄	猪繁殖与呼吸综合征活疫苗	1头份	颈部肌肉注射	14×25

（续）

类别	类型	免疫时间	疫苗名称	免疫剂量	使用方法	推荐针头型号
后备母猪	批次普免	145 日龄	猪乙型脑炎活疫苗	1 头份	颈部肌肉注射	14×25
			猪细小病毒病灭活疫苗	1 头份	颈部肌肉注射	14×25
		150 日龄	猪繁殖与呼吸综合征活疫苗	1 头份	颈部肌肉注射	14×25
		167 日龄	猪瘟活疫苗	1 头份	颈部肌肉注射	16×38
			口蹄疫 O 型、A 型二价灭活疫苗	1 头份	颈部肌肉注射	16×38
		173 日龄	猪传染性胃肠炎流行性腹泻二联活疫苗	1 头份	颈部肌肉注射	16×38
		180 日龄	猪繁殖与呼吸综合征灭活疫苗	1 头份	颈部肌肉注射	16×38
		180 日龄	猪圆环病毒 2 型亚单位疫苗	1 头份	颈部肌肉注射	16×38
		186 日龄	猪乙型脑炎活疫苗	1 头份	颈部肌肉注射	16×38
			猪细小病毒病灭活疫苗	1 头份	颈部肌肉注射	16×38
		192 日龄	伪狂犬病活疫苗	1 头份	颈部肌肉注射	16×38
		198 日龄	猪传染性胃肠炎流行性腹泻二联灭活疫苗	1 头份	颈部肌肉注射	16×38
		205 日龄	猪圆环病毒 2 型亚单位疫苗	1 头份	颈部肌肉注射	16×38

所有后备母猪隔离驯化至少需要 8 周时间（2 周隔离期 +6 周适应期），驯化完毕方可配种或采精，驯化的主要目的是让新引进的种猪对不同的饲料、猪舍和管理方式、场内已有的病原做出相应的调整。

1. 隔离期间注意事项

1）至少有 2 周的隔离时间（饲养员也驻舍隔离），这个阶段主要确认无重大烈性传染病，在保证后备母猪良好健康状况的情况下，可进行适当调整。

2）种猪引进的第 1 周，要给予特殊的管理，进场后 2d 严格控制饲喂量，保持新鲜的饲料和饮水，必要时饮水中可添加电解多维。

3）种猪进场 2 周内，应激反应强烈，饲料中可添加金霉素等抗生素进行保健。

4）在隔离适应期，严禁隔离猪舍的饲养员与其他生产区的饲养员和种猪发生接触。场内确保隔离措施到位。

5）隔离期间每天对引进猪群的种猪按 5% 的比例进行猪体温的抽查。每天 2 次，上午和下午各一次，做好记录。

6）隔离期间及时填写猪群健康状况、治疗情况记录。

2. 隔离与驯化

后备母猪隔离和驯化往往是同时进行的，隔离的目的是保护本场猪群的健康，免受外来猪群携带病原微生物的侵入，而驯化的目的则是保护新引进的后备母猪，让其提前接触场内的特定病原微生物及进行正确的疫苗接种，使其在隔离期间就可产生特异性抗体（预留一定的排毒期和康复时间），避免合群后在本场繁殖群内大量排毒。

常用的驯化方法有饲喂接触、呼吸接触、疫苗免疫、诱情公猪或淘汰母猪驯化等方法。

（1）**饲喂接触** 收集产房健康母猪和仔猪的粪便喂给后备母猪（3 次 / 周），从进场后第 2 周开始，至少喂 3 周左右。方法是将粪便投在栏面上，然后将饲料放在粪便上面，要求使用的是新鲜的粪便。主要针对细小病毒、轮状病毒和大肠埃希氏菌等病原的驯化。

（2）**呼吸接触** 采用公猪或母猪鼻对鼻接触的方法，从进场后第 3~4 周开始，至少持续 3 周左右。驯化的病原有支原体、巴氏杆菌、副猪嗜血杆菌、PRRSV 等。

（3）**疫苗免疫** 需要疫苗免疫驯化的有细小病毒病、乙型脑炎、传染性胃肠炎、猪流性腹泻、轮状病毒病、猪瘟、伪狂犬病、猪丹毒、口蹄疫、PRRS 等，具体驯化方法如下。

1）细小病毒病、乙型脑炎：在配种前 3~4 周免疫。

2）传染性胃肠炎、猪流行性腹泻。假如引进的后备母猪传染性胃肠炎、猪流行性腹泻病原阴性，而需要引种的猪场又携带了这类病毒，应该在到场后尽快用断奶仔猪（保育猪）的粪便与之接触。

3）轮状病毒病：用断奶仔猪的粪便与后备母猪接触，3 次 / 周，连续 2 周。

4）伪狂犬病、猪丹毒、口蹄疫等：后备母猪进场后按照免疫程序进行疫苗免疫驯化。

5）PRRS：尽可能从 PRRS 病原、抗体双阴性的种猪场引进后备母猪。在后备母猪 13~17 周龄进行 PRRSV 驯化是比较理想的。确保在配种前 8 周进行 PRRS 活疫苗免疫，以便留有足够时间排毒。

（4）诱情公猪或淘汰母猪驯化 使用 2~3 头诱情公猪分别轮换对后备母猪充分接触，也是一种驯化方法。或者用经产淘汰母猪与后备母猪按照 1：10 的比例进行接触也可收到一定的效果。这两个方法简单易行，但后备母猪驯化的整齐度稍差于 PRRS 活疫苗免疫驯化。

3. 驯化成功与否的检测方法

1）血清学检测抗体。在配种前对所有后备母猪进行血清学抗体检测，可以监测一些疾病的驯化情况，如果驯化效果好，90% 以上后备母猪的血清会转阳。

2）哨兵猪的使用。使用 PRRS 病原、抗体双阴性猪（通常使用断奶仔猪），与驯化过的后备母猪混群饲养，一段时间后观察临床表现，屠宰后进行血清学、病原学检测，以便了解后备母猪是否存在排毒现象等。

3）完成驯化后每周采集口腔液及肛门拭子检测排毒情况。一般情况下口腔液检测 PRRS 排毒时间平均为 42d（30~56d）。

4）头胎母猪的繁殖成绩。头胎母猪的繁殖成绩是衡量驯化是否成功的最重要的指标。如果驯化效果好，头胎母猪的繁殖成绩与经产母猪差别不大；如果驯化不够成功，则后备母猪在配种后可能出现流产、返情、空怀等现象，产死胎、木乃伊胎、弱仔的现象增多，或者出现头胎母猪所产仔猪出生后死亡率明显升高的现象。

第四节
适时免疫和用药原则

PRRS 疫苗免疫是 PRRS 防控的关键措施之一，使用药物进行保健的主要目的是控制 PRRS 波动引起链球菌、副猪嗜血杆菌等继发感染。

一、阳性稳定场

1. 后备母猪

（1）**参考免疫程序**　120 日龄免疫 PRRS 活疫苗 1 头份 / 次，150 日龄和 180 日龄各免疫 PRRS 灭活疫苗 1 头份 / 次。

（2）**参考保健方案**　50% 酒石酸泰万菌素预混剂 1g/ 头、普济消毒散 20g/ 头，拌料，连续使用 10d。4 月龄、5.5 月龄各使用 1 次，每次连续使用 14d。

（3）**管理措施**　坚持自繁自养。

（4）**目的**　提高猪群的非特异性免疫力，提升抗体水平和抗体均匀度。

2. 经产母猪

（1）**参考免疫程序**　2 月、5 月、8 月及 11 月进行普免，各免疫 PRRS 灭活疫苗 1 头份 / 次。

（2）**参考保健方案**　50% 酒石酸泰万菌素预混剂 1g/ 头、普济消毒散 20g/ 头，拌料，连续使用 10d。免疫前 3d 开始使用。

（3）**管理措施**　产房单元全进全出，空栏消毒彻底。

（4）**目的**　防止种猪群的免疫抑制及散毒现象，切断病毒的垂直传播。

3. 保育猪

（1）**参考免疫程序**　35~45 日龄免疫 PRRS 活疫苗 1 头份 / 次。

（2）**参考保健方案**　每吨全价料加 20% 替米考星预混剂 2kg、普济消毒散 3kg，拌料，每批断奶仔猪在 PRRSV 活跃前 7d 使用，连续使用 10d。

（3）**管理措施**　单元全进全出，即时淘汰无饲养价值猪。

（4）**目的**　预防发生在保育舍的呼吸道疾病。

4. 生长育肥猪

（1）**参考免疫程序** 90 日龄免疫 PRRS 灭活疫苗 1 头份 / 次。

（2）**参考保健方案** 每吨全价料添加 20% 替米考星预混剂 2kg、普济消毒散 3kg，拌料。保育舍转到生长育肥舍、110 日龄各做 1 次保健，每次连续使用 10d。

（3）**管理措施** 单元全进全出，猪群单向流动。

（4）**目的** 预防呼吸道疾病综合征（Porcine Respiratory Disease Complex，PRDC）的发生，使生长育肥猪生长速度更快。

二、阳性不稳定场

1. 后备母猪

（1）**参考免疫程序** 120 日龄免疫 PRRS 活疫苗 1 头份 / 次，150 日龄和 180 日龄各免疫 PRRS 灭活疫苗 1 头份 / 次。

（2）**参考保健方案** 50% 酒石酸泰万菌素预混剂 2g/ 头、普济消毒散 40g/ 头，拌料，连续使用 10d。4 月龄、5.5 月龄各使用 1 次，每次连续使用 10d。

（3）**管理措施** 坚持自繁自养，至多每 3 个月补充一批后备母猪；后备母猪舍全进全出。

（4）**目的** 驯化后备母猪，确保配种前产生免疫力且不排毒。

2. 经产母猪

（1）**参考免疫程序** 配种前 1 个月及产后 14~21d，各免疫 PRRS 灭活疫苗 1 头份 / 次。配种母猪查出空怀后补免 PRRS 灭活疫苗 1 头份。

（2）**参考保健方案** 50% 酒石酸泰万菌素预混剂 2g/ 头、普济消毒散 40g/ 头，拌料，每月连续使用 10d。

（3）**管理措施** 产房单元全进全出，空栏消毒彻底。

（4）**目的** 快速稳定猪群，降低母猪流产率，缩短母猪排毒时间。

3. 保育猪

（1）**参考免疫程序** 14 日龄免疫免疫 PRRS 灭活疫苗 1 头份 / 次，35~45 日龄再加强免疫 PRRS 灭活疫苗 1 头份 / 次。

（2）**参考保健方案** 每吨全价料添加 20% 替米考星预混剂 2kg、普济消毒散 3kg，拌料。每批断奶仔猪连续使用 10d。

（3）**管理措施**　单元全进全出，即时淘汰无饲养价值猪。

（4）**目的**　减少仔猪发病和死亡。

4. 生长育肥猪

（1）**参考免疫程序**　90 日龄免疫 PRRS 活疫苗 1 头份 / 次。

（2）**参考保健方案**　每吨全价料添加 20% 替米考星预混剂 2kg、普济消毒散 3kg，拌料。保育舍转到生长育肥舍、110 日龄各做 1 次保健，免疫前 3d 开始保健，每次连续使用 10d。

（3）**管理措施**　单元全进全出，猪群单向流动。

（4）**目的**　减少继发感染，提升猪群免疫力，提高猪群成活率和日增重。

三、大环内酯药物抑制猪繁殖与呼吸综合征病毒的研究进展

1. 大环内酯类药物分类

比较替米考星与其他药物在肺中的作用。替米考星属于大环内酯类抗生素，若是把兽药中的大环内酯类抗生素依据各个品种的先进性和有效性进行分类，硫氰酸红霉素与酒石酸泰乐菌素及其改良品种酒石酸乙酰异戊酰泰乐菌素，属于第一代大环内酯类的抗生素。而与阿奇霉素比较接近的替米考星，则是属于第二代大环内酯类的抗生素，其吸收进入机体后主要分布于肺、并在肺泡富集。第三代的大环内酯类药物，包括泰拉霉素，加米霉素和泰地罗新。

当前，临床比较常见的硫氰酸红霉素、酒石酸泰乐菌素、盐酸沃尼妙林、延胡索酸泰妙菌素、氟苯尼考、磺胺类、氨基糖苷类、多肽类、四环素类、青霉素类和头孢类等，这些药物都难以进入肺泡。

2. 猪繁殖与呼吸综合征病毒进入机体如何复制

炎症的急性反应中，巨噬细胞起着很重要的调控作用，它构成了宿主防御的第一道防线。

PRRSV 进入机体后，侵入巨噬细胞，尤其是肺泡的巨噬细胞（靶细胞），在巨噬细胞内增殖，使巨噬细胞破裂、溶解、崩解，导致巨噬细胞数量减少，同时也降低了肺泡巨噬细胞对其他细菌和病毒的免疫力，引起严重的间质性肺炎和肉样病变。因此，抑制 PRRSV 的复制，可以大大降低 PRRSV 对巨噬细胞的破坏。

3. 大环内酯类药物抑制猪繁殖与呼吸综合征病毒复制的机制

PRRSV 在巨噬细胞内复制需要一个适宜的酸性环境。替米考星在肺泡呈靶向分布并聚集，并在肺中有较高的药物浓度。呈碱性的替米考星被巨噬细胞吞噬后，在巨噬细胞内富集，改变了巨噬细胞内的酸性环境，使 PRRSV 在巨噬细胞内复制和扩散受到抑制。

此外，替米考星还增强了巨噬细胞的趋化性、吞噬能力和巨噬细胞的活化水平。由于这两方面的协同作用，使替米考星很好地发挥了抗 PRRSV 的作用。可有效对抗 PRRSV 引起的免疫抑制。有研究表明，$80\mu g/mL$ 替米考星可使 PRRSV 美洲型毒株、欧洲型毒株数量显著减少。这些数据表明替米考星具有抗 PRRSV 活性，影响 PRRSV 基因组的合成。

研究表明，替米考星在肺中的浓度是血清中浓度的 10 倍以上，在中性粒细胞中的浓度是血清中浓度的 40 倍以上。在巨噬细胞内的浓度是细胞外浓度的 50~75 倍。当替米考星进入机体后，迅速聚集于肺，特别是肺中的巨噬细胞内。因此替米考星具有靶向性强的特点，在吞噬细胞中呈靶向聚集。

替米考星对美洲型和欧洲型毒株均具有明显的抑制作用，而且替米考星对欧洲型毒株的抑制作用强于美洲型毒株。兽医临床使用替米考星防控 PRRSV 时，剂量达到 0.04%，使用 10d 以上，否则替米考星的使用效果欠佳。

研究者发现 PRRSV 在肺的巨噬细胞内复制，需要巨噬细胞内有较低的 pH。泰万菌素在体外可抑制欧洲型和北美型 PRRSV 复制，泰万菌素可以提高巨噬细胞内 pH，从而改变 PRRSV 的繁殖环境，抑制 PRRSV 的复制。

Stuart 等检测泰万菌素、替米考星、泰乐菌素三种大环内酯类抗生素在 MA104 细胞上抑制 PRRSV 的能力，结果显示泰万菌素有抗病毒效果，替米考星也有一定的效果，而泰乐菌素没有抗病毒效果，泰万菌素进入细胞并在细胞内聚积的速度比替米考星更快，泰乐菌素在细胞内聚积的效果很差。这表明泰万菌素抑制 PRRSV 的效果更佳，所需要的浓度更低。

泰万菌素预混剂对 PRRSV 感染猪有控制效果。替米考星对 PRRSV 也有一定的抑制效果，但其在巨噬细胞内聚积的速度和浓度比泰万菌素低得多，这极大地限制了其在临床上的使用范围。因此，母猪群合理添加泰万菌素等有利于控制 PRRSV 在母猪体内复制，缩短母猪群病毒血症周期，从而降低 PRRSV 垂直传播感染胎儿的概率。

第五节
主动感染与封群净化

一、猪繁殖与呼吸综合征净化原则

1）一般情况下，种猪场不免疫 PRRS 活疫苗。只有出现 PRRSV 感染导致猪群不稳定时才免疫 PRRS 活疫苗。后期通过 PRRS 活疫苗免疫后，猪群稳定，应停止使用 PRRS 活疫苗。

2）在 PRRS 疫苗使用过程中，坚持只使用一种 PRRS 活疫苗毒株，当猪群出现波动、不稳定时，不要更换 PRRS 活疫苗毒株，目的是使猪场内部只有一种优势毒株。

3）PRRS 病原监测过程中，一旦检测呈阳性，要进行基因测序，鉴别是野毒株、疫苗毒株还是本场毒株，野毒株感染猪必须淘汰，病原检测采用荧光定量 PCR。

4）使用 PRRS 活疫苗后，进行 6 个月定期监测，基本无野毒株感染，且猪群稳定，可考虑停止免疫 PRRS 活疫苗，后备母猪可使用 PRRS 灭活疫苗进行驯化。

5）在 PRRSV 净化过程中，由于母猪未免疫 PRRS 活疫苗，保育育肥阶段无抗体，容易出现 PRRS 隐性感染猪发病，需要特别注意该阶段 PRRS 的监测，并配合药物保健。

6）基于 PRRS 活疫苗带毒时间长，在免疫 PRRS 活疫苗过程中，即使做 PRRS 活疫苗普免，也要避开妊娠后期母猪（须等妊娠后期母猪产仔后再进行 PRRS 活疫苗的补免）。

7）PRRS 净化成功后，产房仔猪 PRRS 病原抗体双阴性，生物安全需要特别重视。在驯化后产生第一批 PRRS 双阴性仔猪进入保育舍前，需对保育舍全部清群并彻底消毒。

二、猪繁殖与呼吸综合征净化目的

1）在猪群中建立 PRRS 毒株的优势生态种群，净化野毒株。

2）后备母猪同时感染、同时消失，使后备母猪同时接触本场 PRRS 毒株，猪体内 PRRSV 几乎同时消失。

3）使后备母猪接触本场 PRRSV，激活免疫系统，防止后期感染。

4）使本猪场猪群健康水平稳定，提高生产成绩。

5）一旦猪场健康稳定，则停止使用 PRRS 活疫苗。

6）没有易感动物存留以使病毒在场内循环。

三、种公猪的处理

种公猪不免疫 PRRS 活疫苗，做好生物安全措施。种公猪实施逐头检测，保证 PRRS 病原阴性并直至病原抗体双阴性。种公猪站最好远离母猪场，并配置高效空气过滤系统，人员管理与母猪场相对分开。

四、种母猪（含后备母猪）的处理

引种环节是 PRRS 防控的重中之重。首先根据不同母猪场规模大小，一次性准备好 6 个月的后备母猪进群。然后实施 200d 封群疫苗驯化。

五、猪繁殖与呼吸综合征净化过程中产房仔猪监测

由于产房仔猪采血应激大，可收集阉割睾丸液体和断尾液体，检测 PRRS 病原及其他病原，监测是否有母猪垂直传播感染风险。

六、猪繁殖与呼吸综合征净化过程中保育猪监测

首次免疫 PRRS 活疫苗后 12 周开始检测断奶仔猪 PRRS 病原，要求连续检测 8 周（例如，5000 头母猪场，1 周产 240 窝，2500 头仔猪。选择 30 窝，每窝 2 头，共 60 头仔猪的检测数量），如果 PRRS 病原持续检测阴性，那么表明母猪群已经稳定，产出阴性仔猪。配合实施保育舍清群。母猪群继续封群至 200d，此时母猪群判断为完全净化 PRRS。

保育舍清群要点：

1）清空保育阶段的猪群，目的是把场内易感猪全部清空。

2）按照相关标准规范，消灭环境中的病原体：清扫猪舍应高标准严要求，做好有机物的清除和猪舍的消毒工作。建议在喷撒消毒剂前，先使用 60℃以上的热水进行清洗，中间还要进行一次熏蒸消毒。

3）空栏时间要足够长，最低不少于 2 周。依据季节和当地的气候情况进行相应调整，特别是潮湿寒冷的季节要延长空栏时间。

七、猪繁殖与呼吸综合征净化过程中育肥猪监测

定期采集保育中期和育肥中期猪唾液或血清检测 PRRSV，阳性样品送检基因测序，鉴定是野毒株还是疫苗毒株。

八、猪繁殖与呼吸综合征净化总技术路线

PRRS 净化总技术路线见图 3-5-1。

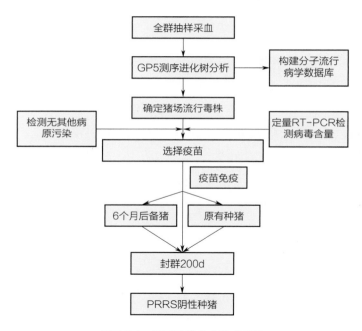

图 3-5-1　PRRS 净化总技术路线

九、净化参考方案制定

完整的 PRRS 净化项目包括八个方面：封群管理、免疫保健、实验室监测、生物安全管控、生产数据分析、内部培训与交流、应急预案和阶段性总结。

1. 封群管理

1）针对现存种猪及后备母猪，剔除病弱残猪，保留表观健康母猪，为后期猪场

补栏奠定基础；同时后期将根据各生产线 PRRSV 监测结果决定其是否转入相应生产线。

2）猪场开始封群管理，所有猪实行"只出不进"策略。

3）猪场未达到 PRRS 净化（PRRS 病原抗体双阴性）之前不再引进后备种猪。

2. 免疫保健

（1）**药物保健**　全群种猪（含后备种猪 + 查情公猪）：50% 酒石酸泰万菌素预混剂 2g/ 头、普济消毒散 40g/ 头，拌料，连用 10d。

（2）**种猪普免**　药物保健结束后，全场所有种猪（基础母猪 + 查情公猪 + 后备种猪）普免 PRRS 活疫苗，1 头份 / 头；间隔 28d，所有种猪再次普免 PRRS 灭活疫苗 1 头份 / 头。

（3）**季度免疫**　依据强化免疫后 3 个月内每批次 PRRS 病原监测结果，决定种猪群后期是否再执行 3 个月 1 次的季度免疫，季度免疫以 PRRS 灭活疫苗为主。

（4）**种猪群停止免疫 PRRS 活疫苗时机**　种猪群 PRRS 活疫苗停止免疫需要满足 3 个条件：

1）新生弱仔：PRRS 野毒阴性。

2）处理液：PRRS 野毒阴性。

3）断奶仔猪家族口腔液：PRRS 野毒阴性。

（5）**仔猪 PRRS 疫苗免疫安排**

1）全群种猪强化免疫 PRRS 疫苗前，仔猪按现行免疫程序执行（即 14 日龄，免疫 PRRS 活疫苗 1 头份 / 头）。

2）全群种猪强化免疫 PRRS 活疫苗时，产房 21 日龄仔猪同时免疫 PRRS 活疫苗，1 头份 / 头。

3）全群种猪强化免疫 PRRS 疫苗 2 个月后，产房仔猪将不再免疫任何 PRRS 疫苗，改为断奶转至育肥场时免疫 PRRS 活疫苗，1 头份 / 头。

3. 实验室监测

（1）**病原检测**

1）新生弱仔猪：采集新生弱仔猪血液，每窝 1 头，30 份 / 批次，5 个样品混合为 1 个样品检测 PRRS、CSF（猪瘟）、PCV2（猪圆环病毒 2 型）、PCV3（猪圆环病毒 3 型）等病原；全场每 9d 1 个批次采样检测。

2）处理液：收集仔猪阉割及断尾处理液，每个分娩单元各 2 份，8 份 / 批次，每份单独检测 PRRS、CSF、PCV2、PCV3 等病原；全场每 9d 1 个批次采样检测。

3）断奶弱仔猪：采集断奶弱仔猪血液，每窝 1 头，30 份 / 批次，5 个样品混合为 1 个样品检测 PRRS、CSF、PCV2、PCV3 等病原（全场每 9d 1 个批次采样检测）。

4）后备母猪：采集病弱后备母猪口腔液，30 份 / 次，每月 1 次，5 个样品混合为 1 个样品检测 PRRS、CSF、PCV2、PCV3 等病原。

5）基础种猪：待全群种猪首免 PRRS 活疫苗后第 4 个月开始每月每条生产线采集 30 份血清，检测 PRRS 病原。

6）查情公猪：待全群种猪首免 PRRS 活疫苗后第 3 个月开始每月每条生产线采集全部查情公猪唾液，检测 PRRS 病原。

7）公猪精液：按照公猪站既定检测方案执行。每次采精，原精检测 PRRS 病原。

8）异常猪：按照异常猪既定检测方案执行。

9）流产猪：按照流产猪既定检测方案执行。

（2）抗体检测

1）基础种猪群。

①全群普免 PRRS 活疫苗前，继续实行常规监测方案（PRRSV 抗体、猪瘟抗体、肺炎支原体抗体、伪狂犬病 gE 抗体、猪流感抗体）。

②待全群种猪首免 PRRS 活疫苗后第 4 个月开始每月每条生产线采集 30 份血清，检测 PRRSV 抗体、猪瘟抗体、肺炎支原体抗体、伪狂犬病 gE 抗体。

2）查情公猪。待全群种猪首免 PRRS 活疫苗后第 3 个月开始每月每条生产线采集全部查情公猪血清，检测 PRRSV 抗体、猪瘟抗体、肺炎支原体抗体、伪狂犬病 gE 抗体。

4. 生物安全管控

1）每月与兽医部门对接，了解猪场生物安全执行情况及改进计划。

2）根据项目推进情况，需进场了解实际状况，现场进行内外部生物安全风险评估。

5. 生产数据分析

1）收集每分娩批次生产指标，分别为流产率、分娩率、病残仔比例、产房成活率、窝均产仔数；按照月度收集规模化猪场下游保育育肥成活率。统计 4 个批次的平均成绩。

2）评估项目执行效果及分析可能存在的问题，为调整相应措施提供支持。

6. 内部培训与交流

1）根据项目进展和生产实际需要，具体制定内部培训题目和交流计划。

2）交流内容涉及后备母猪转群、实验室检测、免疫保健、生物安全管控、生产管理和数据分析等方面。

7. 应急预案

为确保项目顺利推进，尽可能降低重大疫病风险，提前制定好非洲猪瘟、PRRS、流行性腹泻、伪狂犬病等应急处置预案。

8. 阶段性总结

1）阶段性总结重点以评估实验室监测数据、生产指标数据和生物安全管控改进等 3 个方面。

2）阶段性总结定期采取线上和现场相结合的方式进行。

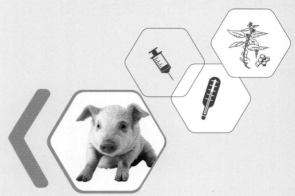

第四章
猪繁殖与呼吸综合征的
中兽医药防治

中兽医学与中医学一脉相承，是我国劳动人民长期与动物疾病做斗争过程中逐步形成的一门传统实践兽医学，在历史上为动物疾病的防控做出了巨大贡献。本章将介绍中兽医学是如何认识 PRRS 的，以及对其防控有何独到的见解和措施，以期为 PRRS 防控提供新的思路。

第一节
中兽医学防控瘟病的
基础理念

一、中兽医学对疾病的认识

中兽医学认为疾病是动物机体自身或动物机体与环境之间不能够维持平衡的一种状态。中兽医学所讲的平衡是指一种动态的平衡，即动物机体五脏六腑等组织器官及与环境中的各种因素，均在一个最高限和最低限的正常范围内波动。当超过上限或低于下限时平衡被打破，机体便处于失衡状态，即发病状态。故中兽医学有"过与不及皆为病"的说法。

当机体失衡处于病态时，应用中药的偏性（寒、热、温、凉）来纠正机体的偏态，疾病即可得到治疗。

二、中兽医学对瘟病的认识

中兽医学认为，引发瘟病的细菌、病毒等"邪气"本是自然界的"常在之物"，人及动物的生存，必须要与其构建平衡，达到"和睦"相处。现代医学倡导的"消毒（抑杀）和隔离（躲避）"只是权宜之计。因为长时间的过度抑杀必然会使病原加速变异，使其变得更加强大（产生耐药性，出现超级毒株）。

"瘟病"的发生就是动物机体与"疫毒之邪"之间不能够维持动态平衡，力量出现相对失衡的结果。机体的抗病力"正气"抵抗不住"疫毒之邪"，"邪气"乘虚而入，并在体内不断壮大，进而严重干扰机体自身的平衡而发病。

三、中兽医学对瘟病的防控

中兽医学认为，当瘟病发生时，动物机体"正气"的力量一定弱于"疫毒之邪"。要想达到对疫病防治的目的，就要使机体的"正气"强于体内及环境中的"邪气"。而让机体的"正气"战胜体内及环境中的"邪气"，可通过"扶正"和"祛邪"两个途径来实现。

1. 中药的"扶正"作用

"扶正"即扶助机体"正气"之意。"正气"是指动物机体脏腑组织器官的机能活动及其对外界环境的适应力和对致病因素特异性的抵抗力。因此,"正气"由"脏腑组织器官的机能活动""机体适应外界环境的能力"和"机体特异性抵抗致病因素的能力"三个方面共同构成。故"扶正"应该从以下三个方面同时入手。

（1）提高机体脏腑组织器官的机能活动　中兽医学把动物脏腑组织器官的机能活动称为"阳气",俗称"火力"。"阳气"由机体脏腑组织器官运行机能活动的过程中产生,是维持机体正常生命活动所需动力的主要来源,同时还是机体抵御外邪入侵和保证体温相对恒定所需热量的主要来源。"阳气"充足,意味着动物抵御疾病的能力就强大。壮龄动物比老龄动物抗病能力强就是因为其脏腑组织器官的机能活动足。

动物机体内的"阳气"在同"邪气"斗争时,会激发巨大的能量来抵抗"病邪"。在感染性疾病发病过程中,动物往往会出现"发热"的症状,这一现象即为"阳气"与"邪气"抗争的具体表现形式。因此,患感染性疾病的动物如果不发热,反而表现出体温相对较低,则表明机体的阳气虚衰,已无抗争能力,基本难以治愈。

中兽医学认为,"过与不及皆为病"。当脏腑组织器官的功能太足,"阳气"太过,会"化为火"（俗称"上火"）。

当前的养猪生产实践中,由于饲养环境复杂、化学药物过度使用、饲料中的霉菌毒素和各种免疫抑制疾病广泛存在,严重损伤了猪群的阳气,使机体长期处于阳气不足的"亚健康"状态,故应用中药促进猪群五脏六腑的机能活动便可大大提高猪群的抗病能力。

许多具有"补阳气、增火力"作用的中药材均具有促进机体脏腑组织器官功能活动的作用。例如,人参、黄芪、党参、附子、肉桂、干姜、白术等。所以在开发具有"扶正"功效的中药组方时,一定要选择"补阳气、增火力"的中药材以促进机体的脏腑机能活动。

机体脏腑组织器官的机能活动足,阳气就足,就对各种致病因素均具有强大的抵抗力。由此可见,中兽医学中的"阳气"与现代医学中的"非特异性免疫功能"基本一致,现代药理学研究表明,党参、黄芪、肉桂等补气助阳中药均具有提高动物机体非特异性免疫功能的作用。

（2）提高机体适应外界环境的能力　中兽医学认为,机体除了要维持自身五脏六腑的平衡外,还必须与所处的环境维持平衡（即"天人合一"）,否则会引起疾病发生。例如,养殖实践中的各种应激性疾病,就是由于环境的突然改变,机体难以在短时间内与突变的环境构建新的平衡，导致机体与所处的环境失衡，引发疾病。由此可见，机体对外界环境的适应力也是其正气的重要组成部分。故对机体进行"扶正"时，除了要应用中药促进机体五脏六腑组织器官的机能活动，还要在做好环境控制的同时应用中药提高动物机体适应外界环境的能力，即抗应激能力。

中兽医学认为具有"镇静、安神"功效的中药（例如，远志、柏子仁、酸枣仁、朱砂、龙骨、牡蛎、茯神、夜交藤、合欢皮、合欢花等）可显著降低机体对环境的敏感性，从而提高机体对环境的适应力。所以在开发具有"扶正"功效的中药组方时，还要选择"镇静、安神"的中药原料以提高机体对环境的适应能力。

（3）提高机体特异性抵抗致病因素的能力　中兽医学认为，环境中充斥着各种"疫疠之气"，动物机体在环境中生存必须要与"疫疠之气"维持平衡，而要构建这种平衡，光靠机体自身的平衡和对环境的适应力还不够，还要具备对"疫疠之气"特异性的抵抗力。要具备对"疫疠之气"特异性的抵抗力必须通过与"疫疠之气"巧妙接触，在全面了解对方的基础上构建起一套特异性的应对能力。疫苗接种这种故意让病原与机体接触的做法，更符合中兽医学通过接触构建平衡的理念。

综上所述，机体特异性抵抗致病因素能力提高，必须要与病原接触，通过接触了解对方，才能构建起一套特异性的"应急预案"与之抗衡。目前最有效的防治方法就是给动物接种疫苗。

虽然我国拥有众多种类的动物疫苗，但是在动物养殖实践过程中，常常会出现免疫后动物不能获得有效的保护，仍然发病的情况。其主要原因是在我国近些年的动物养殖实践中抗生素或化学药物的滥用，严重损伤了动物机体脏腑的功能，机体无法维持平衡，难以激发充足的免疫应答所致。为此，许多养殖企业在给动物接种疫苗时，常配合应用能够有效提高脏腑功能的中药，以提高动物机体对疫苗的免疫应答，进而显著增强疫苗的保护效果。

2. 中药的"祛邪"作用

为使机体"正气"战胜"疫毒之邪"，除了应用中药进行"扶正"外，还可应用药物进行"祛邪"，以削弱"疫毒之邪"的力量，从而使"正气"全面战胜"邪气"，达到疾病好转，直至痊愈。主要包括以下两方面。

（1）祛环境之邪　"祛环境之邪"就是应用各种消杀药物，祛除环境中的"疫毒之邪"。当环境中的"疫毒之邪"弱于机体的"正气"时，便可有效避免"瘟病"的发生。但环境消杀也要适度，过度消杀会破坏环境的原有平衡。

（2）祛体内之邪　祛体内之邪就是根据"邪气"入侵机体部位和深度的不同，应用中药组方，将侵入机体的"疫毒之邪"驱逐出去。需要注意的是，中兽医学的"祛邪"不是将"邪气（病原）"杀死，而是给"邪气"找一条出路，让其离开机体即可。

①"解表法"使邪从体表散出。"疫毒之邪"在入侵机体的初期，首先入侵机体的表面，引起发热兼恶寒的表证。此时可应用具有解表发散功效的药物，将侵入动物肌表的"病邪"发散出去。

中兽医学认为表邪有寒、热之分，故表证分为表热证和表寒证。表热证，治宜辛凉解表，常选用味辛性凉的解表中药与清热解毒药配合使用，发散肌表的风热之邪。代表方有银翘散（银花、连翘、淡竹叶、桔梗、荆芥穗、薄荷、淡豆豉、牛蒡子、芦根、生甘草）和双黄连（金银花、黄芩、连翘）等。表寒证，治宜辛温解表，多选用味辛性温的药物发散肌表的风寒。主要代表方有荆防败毒散（荆芥、防风、柴胡、前胡、独活、枳壳、茯苓、桔梗、川芎、甘草、薄荷）等。

②"宣肺法"使邪从肺呼出。有的"疫毒之邪"（如流感病毒、支原体等）主要入侵肺系。"疫毒之邪"入肺后，机体本能地通过加快呼吸频率（喘）和咳嗽，将蕴积肺系的"疫毒之邪"外排。宣肺法就是应用能够提高肺宣发功能的方药，提高单次呼气向外排邪的能力。在药物的作用下，肺系中的"疫毒之邪"可快速随呼气排出，机体的呼吸频率和咳嗽自然减轻或消除，从而达到止咳平喘的功效。临床上应用治疗呼吸道病证的麻杏石甘口服液（麻黄、杏仁、石膏、甘草）便是宣肺平喘的经典代表方剂。

③"泻下法"使邪从肠道排出。有的"疫毒之邪"（如大肠埃希氏菌、流行性腹泻病毒等）主要入侵动物的肠道，导致肠道功能失衡，出现腹泻下痢、里急后重，甚至便血等症状。泻下法即应用能够清热泻下的方药，攻逐肠道结滞的"疫毒之邪"，促进肠道内的"疫毒之邪"及时随粪便排出体外。没有了"疫毒之邪"干扰，肠道机能恢复正常，腹泻下痢等症状消失，从而达到"止泻"的功效。临床上用于感染性腹泻的白头翁口服液（白头翁、黄柏、黄连、秦皮）和四黄止痢颗粒（黄柏、黄芩、黄连、大黄、板蓝根、甘草）等是泻下法的经典代表方剂。

④"通淋法"使邪从尿道排出。有的"疫毒之邪"（如猪瘟病毒、鸡肾型传染性支气管炎病毒等）可以入侵动物的肾系（泌尿系统），造成泌尿系统的水分被过度蒸发，临床上出现排尿不利、尿液浑浊、尿酸盐沉积，甚至尿结石等症状。通淋法即应用能够清热利尿的方药，攻逐蕴积肾系的"疫毒之邪"，使肾系的"疫毒之邪"及时随尿液排出体外。没有了"疫毒之邪"干扰，肾系机能恢复正常，排尿不利、尿液浑浊等症状消失。临床上的八正散（木通、瞿麦、车前子、萹蓄、滑石、大黄、栀子、甘

草）是通淋法的经典代表方剂。

⑤ "凉血法"使邪从营血中透出。许多"疫毒之邪"（如 PRRSV、猪瘟病毒、非洲猪瘟病毒等）入侵机体后，会快速由表及里，最后进入血脉，临床上出现高热、神昏、精神委顿、行走摇晃、呼吸急促、食欲废绝、全身出血等症状。凉血法就是应用具有清热凉血功效的中药，发挥透热养阴、凉血祛瘀之效。兽医临床常用的清瘟败毒散（石膏、水牛角、生地、桔梗、栀子、黄芩、知母、赤芍、玄参、竹叶、连翘、甘草、丹皮）是凉血法的经典方剂。

⑥ "攻毒法"使邪就地失活。有些"疫毒"毒力较强，在解表、宣肺、泻下、通淋、凉血之法难以使其及时排出的情况下，可采用本身具有更强毒性的方药，通过以毒攻毒，使"疫毒"快速失效。例如，将蜈蚣、全蝎、蟾酥、乌蛇等毒性较强的中药原料，用于 HP-PRRS 等烈性疫病时，能够起到以毒攻毒，以毒制毒，一物降一物的疗效。从而使动物体内的"疫毒"失活，不再具备危害机体的能力。

综上所述，中兽医学在防治动物传染性疾病的过程中，首先，通过提高脏腑组织器官的机能活动来维持机体自身的平衡；其次，通过提高机体对外界环境的适应力来维持机体与所处环境的平衡。最后，通过提高机体对致病因素特异性的抵抗力，以及祛除环境之邪和祛除体内之邪的六大途径来维持机体和疫毒之间的平衡，达到治愈疾病的目的。

四、中兽医学理念对猪繁殖与呼吸综合征防控的启示

中兽医学认为，PRRSV 也是自然界的一分子。在未被发现之前其应该就长期在自然界存在。近年来猪群发生 PRRS，并不是因为 PRRSV 在自然界新出现，而是机体的"正气"与 PRRSV 难以维持平衡而导致的。因此当一个猪场发生 PRRS 时，不应全部归罪于 PRRSV，将全部精力放在通过彻底环境消杀以"消灭传染源"和"切断传播途径"上。病原本是自然界的常在之物，让其彻底在自然界消失很难，过度的消杀一方面会成为病原变异的动力，另一方面还会打破环境中原有的微生物平衡，对环境造成破坏。

从中兽医学的角度来看，防控 PRRS 更加合理的做法是在适度生物安全的基础上，通过对猪群全面的监测，针对不同猪群，采用不同的防治原则进行防控。对于 PRRS 阴性场，重点放在提高猪群的"正气"上，即单纯"扶正"即可；对于 PRRS 阳性稳定场，采取"扶正兼祛邪"，即扶正为主，祛邪为辅的原则；对于 PRRS 阳性不稳定场，采取"祛邪兼扶正"，即祛邪为主，扶正为辅的原则；对于 PRRS 波动猪场，要根据病程的不同进行辨证施治。

第二节
猪繁殖与呼吸综合征的中兽医辨证与防治

一、猪繁殖与呼吸综合征的中兽医辨证分析

PRRS 又称猪蓝耳病、高热病。中兽医学认为其属瘟病范畴，其在猪体的发病过程可用三焦辨证和卫气营血辨证进行分析。

1. 猪繁殖与呼吸综合征的三焦辨证分析

三焦辨证将 PRRS 的发展过程概括为上焦病证、中焦病证和下焦病证三类不同证候。而且标明了 PRRS 发展过程的不同阶段及三焦所属脏腑的发展规律。一般而言，PRRS 初起，邪袭上焦，首先犯肺，故上焦证候多为 PRRS 的初期阶段。前肢太阴肺的病变不愈，可进一步传入中焦，为顺传；也可由肺传入心包，为逆传。中焦病证，处于 PRRS 的中期，为邪正剧争的极期，中焦病不愈，则可传入下焦。所以就三焦辨证而言，PRRS 发展的一般规律是始于上焦，终于下焦。

但由于猪的体质差异，瘟病性质不同，又因治疗是否恰当等因素的影响，上、中、下焦各病程阶段长短不一，累及脏腑重心有别。

（1）**上焦病证分析**　PRRSV 侵犯上焦，病位多在肺与心包。病邪首先袭肺，外则卫气郁闭，内则肺气不宣，临床表现为发热，微恶风寒，口渴，咳嗽，舌苔薄白，脉浮数。证候多见于 PRRS 的初期，属表证。若表邪入里，邪热壅肺，肺气闭郁，则表现为体温升高，口渴，咳嗽，气喘，舌苔黄，脉数等。肺经之邪不解，邪热内陷，致心窍阻闭，则为逆传心包，证见舌质红绛，神昏，甚至惊厥抽搐等症。邪入心包这一证候虽属上焦，见于瘟病初期，但病情危重。

（2）**中焦病证分析**　PRRSV 病邪由上焦顺传到中焦，则见脾胃之证。胃喜润恶燥，邪入中焦而从燥化，则出现阳明经（胃、大肠）的燥热证候；脾喜燥而恶湿，邪入中焦而从湿化，则见太阴脾的湿热证候。中焦病证的临床表现为阳明燥热，则舌红目赤、发热、呼吸喘粗、便秘腹痛、口干咽燥、唇裂舌焦、舌苔黄或焦黑、脉沉实；太阴湿热，则舌色浅黄、肢体困重、腹胀不食、身热、小便不利、大便不爽或溏泄、舌苔黄腻、脉细而濡数。

（3）下焦病证分析　PRRSV病邪深入下焦，多为肝肾阴伤之证，甚至伤及胞宫。临床上表现为体温升高、舌红目赤、发斑，妊娠母猪早产、流产、产弱胎或死胎。种公猪表现为生殖系统炎症，性欲低下，配种能力差。

2. 猪繁殖与呼吸综合征的卫气营血辨证分析

卫气营血代表温热邪气侵犯机体所引起的疾病浅深轻重不同的四个阶段，其相应临床表现可概括为卫分证、气分证、营分证、血分证四类证候。

（1）卫分证辨证分析　常见于PRRS的初期，时间很短，有的甚至不出现。是温热病邪侵犯肺与皮毛所表现的证候。因肺能敷布卫气达于周身体表，外与皮毛相合，主一身之表，且肺位最高，与口鼻相通，因而卫分证候属表，病位浅。临床表现为发热重，恶寒轻，咳嗽，咽喉肿痛，口干微红，舌苔薄黄，脉浮数。

（2）气分证辨证分析　PRRS发生后，病邪深入脏腑，正盛邪实，正邪相争激烈，导致阳热亢盛，高热不退。气分病多由卫分病传来，或由温热之邪直入气分所致。主要表现为胆热不寒，呼吸喘粗，口干津少，口色鲜红，舌苔黄厚，脉洪大。但因温热之邪所侵袭的脏腑和部位不同，又有不同的证候表现。若温热在肺，则表现为发热，呼吸喘粗，咳嗽，口色鲜红，舌苔黄燥，脉洪数；若热入阳明则表现为身热，口渴喜饮，口津干燥，口色鲜红，舌苔黄燥，脉洪大；若热结肠道，则表现为发热，肠燥便干，粪结不通或稀粪旁流，腹痛，尿短赤，口津干燥，口色深红，舌苔黄厚，脉沉实有力。

（3）营分证辨证分析　PRRS病邪入血的轻浅阶段，以营阴受损，心神被扰为特点。证见高热，舌质红绛，斑疹隐隐，神昏或躁动不安。

该病证的形成，一是由卫分传入，即PRRS病邪由卫分不经气分而直入营分，称为"逆传心包"；二是PRRS病邪由气分传来，即先见气分证的热象，而后出现营分证的症状；三是PRRS病邪直入营分，即温热病邪侵入机体，致使猪群发病后便出现营分症状。

营分证有热伤营阴和热入心包两种证型。若热伤营阴，证见高热不退，夜甚，躁动不安，呼吸喘促，舌质红绛，斑疹隐隐，脉细数；若热入心包，则表现为高热、神昏，四肢厥冷或抽搐，舌绛，脉数。

（4）血分证辨证分析　血分证是PRRS的最后阶段，也是疾病发展过程中最为深重的阶段。血分证或由营分传来，即先见营分证的营阴受损，心神被扰的症状，而后才出现血分证症状；或由气分传变，即不经营分，直接由气分传入血分。肝藏血，肾藏精，故血分病以肝肾病变为主，临床上除具有较重的营分证候外，还有耗血、动血、伤阴、动风的病理变化。其特征是身热，神昏，舌质深绛，黏膜和皮肤发斑，便血，尿血，项背强直，阵阵抽搐，脉细数。临床上常见的有血热妄行、气血两燔、肝热动风和血热伤阴四种证型。其中，血热妄行主要表现为身热，神昏，黏膜、皮肤发斑，尿血，便血，口色深绛，脉数；气血两燔主要表现为身大热，口渴喜饮，口燥苔焦，舌质红绛，发斑，衄血，便血，脉数；肝热动风主要表现为高热，项背强直，阵阵抽搐，口色深绛，脉弦数；血热伤阴主要表现为低热不退，精神倦怠，口干舌燥，舌红无苔，尿赤，粪干，脉细数无力。

二、猪繁殖与呼吸综合征的中兽医学防治

PRRS 属瘟病范畴，表证较短，始发即为阳证、热证、实证。中期随病之传变，邪入气血分深层，以热毒炽盛，气血逆乱，血热妄行，脏腑器官充血、出血及瘀血性肿大，或见热闭神昏，厌食倦怠，热痢腹泻，耳部及皮肤发绀等特征。若热入血室，宫体受侵，即出现产死胎、木乃伊胎和流产征象。后期阴津灼伤，阴弱阳失，阴阳双虚，即以母猪不孕不育等繁殖障碍为特征。

PRRS 为瘟疫之为病，非风、非寒、非暑、非湿，为天地间别有一种戾异气所感（明·吴又可），故定性为疫毒或瘟疫。妊娠母猪及 1 月龄以内的仔猪最易感。

PRRS 的实质是疫邪影响或阻碍了阳气运行的通道与大门，导致阳气出入障碍，气积热郁，郁极生火，火盛生毒，毒侵五脏六腑为害（从西医病理学角度讲，初期病毒主要侵袭肺巨噬细胞，导致了严重的免疫原性炎症反应，水肿及充血出血致使气血流注系统出现了障碍）。

所以 PRRS 的防治，要抓主证，求主因，兼顾他证。邪有毒性强弱，猪有体质不同。膜有固弛之别，气有虚实赢赢。脏腑禀赋不一，抗病能力不同。潜伏日期不一，发病时间不定。证候表现不齐，更有感邪轻重。疫毒发或不发，传或不传，需察邪正抗争态势，更需求因而审证。治在病因病机，道正法谨理明。

1. 猪繁殖与呼吸综合征阳性不稳定场，高流行率猪群的中药防控

（1）发病早期猪群

【主证】病猪主要表现为发热，精神沉郁，采食减少，微恶风，口渴，咳喘，舌苔薄白，脉浮数。

【分析】该阶段是猪群 PRRS 发病早期，此阶段从三焦辨证来看，属于 PRRSV 疫毒之邪，发于上焦，波及中焦。因发于上焦病邪在表在肺，导致咳喘，畏恶风，舌苔薄白，脉浮数。疫毒波及中焦，内蓄致高热，食欲减退；从卫气营血辨证来看，PRRSV 疫毒已开始从卫分，经半表半里波及气分。在卫分热毒之邪，袭表束肺致咳喘，畏恶风，舌苔薄白，脉浮数。入气分热毒之邪，内蓄导致高热，侵扰肺胃，导致咳喘，食欲减退。

【治则】辛凉疏风，清热泻火，解毒消肿。

【方药】普济消毒散

【方解】PRRSV 疫毒侵袭卫分，导致咳喘，微恶风，舌苔薄白，脉浮数。方中牛蒡子、薄荷、柴胡、升麻辛凉解表，荆芥疏风解表，共同疏散卫分之表邪；热毒入气分引发高热，扰肺胃，导致咳喘，食欲减退。方中黄连、黄芩清泻上焦之火。大黄清热泻下，滑石泻火利尿，使体内火热之毒从二便排出，共清气分及肺胃之热邪；柴胡还可和解位于卫分和气分的半表半里之热邪，陈皮理气散邪；热毒内蓄则生肿痛，板蓝根、玄参、马勃、青黛清热解毒，连翘清热消肿，桔梗清利咽喉，共同清热解毒、消肿散结；甘草甘缓护中，调和诸药。

【用法用量】每吨饲料添加普济消毒散 3~4kg，连用 10~14d。

（2）发病中期猪群

【主证】病猪高热不退，精神沉郁，食欲减退，流鼻涕，眼红肿、分泌物增多，大便不爽或溏泄、舌苔黄腻、脉细而濡数。部分病猪皮肤发红，耳部、腹下、臀部和四肢末梢等身体多处皮肤有紫红色斑块。部分母猪流产。

【分析】此阶段从三焦辨证来看，PRRSV 疫毒之邪主在中焦，部分已入下焦。疫毒入中焦导致高热、食少、精神沉郁。邪入下焦，侵肝肾致全身发斑，肝热上扰于目，致眼红肿、分泌物增多；侵肠道致大便不爽或溏泄；侵胞宫致母猪流产、死胎。从卫气营血辨证来看，PRRSV 疫毒之邪主在气分以及卫分与气分的半表半里之间，部分已入营血。邪在气分致高热、食少、精神沉郁；邪入营血导致全身气机不畅，气血瘀滞，热毒郁内难解发斑。进一步深入胞宫，则致母猪流产、产死胎。

【治则】舒畅气机、透邪外出，清热泻火，凉血解毒。

【方药】小柴胡散＋清瘟败毒散

该阶段用小柴胡散旨在舒畅气机、透邪外出。方中柴胡清解半表半里之邪，疏畅气机之郁滞；黄芩协助柴胡以清半表半里之邪热；党参、半夏、生姜、大枣补中扶正，和胃降逆，杜绝邪气传入太阴而成虚寒；甘草调和诸药，又可益气扶正。诸药合用，共成和解表里、舒畅气机、透邪外出之功。

对于气分和血分之热，用清瘟败毒散清热泻火，凉血解毒。清瘟败毒散是综合白虎汤、犀角地黄汤、黄连解毒汤三方加减而成，其清热泻火、凉血解毒的作用颇强。方中重用生石膏直清胃热。因胃是水谷之海，十二经的气血皆禀于胃，所以胃热清则十二经之火自消。石膏配知母、甘草是白虎汤法，有清热保津之功，加以连翘、竹叶，轻清宣透，驱热外达，可以清透气分之热毒；再加黄芩、黄连、栀子（即黄连解毒汤法）通泄三焦，可清泄气分上下之火邪。诸药合用，目的在大清气分之热。水牛角、生地、赤芍、丹皮共用，为犀角地黄汤法，专于凉血解毒，养阴化瘀，以清血分之热。以上三方合用，则气血两清的作用尤强。此外，元参、桔梗、甘草、连翘同用，还能清润咽喉，治咽于肿痛；竹叶、栀子同用则清心利尿，导热下行。综合本方诸药的配伍，对疫毒火邪，充斥内外，气血两燔的证候有良效。

【用法用量】每吨饲料添加小柴胡散 2kg+ 清瘟败毒散 3kg，连用 14d。

（3）发病晚期猪群

【主证】病猪身热，神昏，舌质深绛，黏膜和皮肤发斑，便血，尿血，项背强直，阵阵抽搐，脉细数，部分猪死亡。

【分析】此阶段，病邪已入营血，深入心包及肝肾。作为经济动物已无治疗价值。

【处理】直接淘汰病猪，进行无害化处理。

2. 猪繁殖与呼吸综合征阳性不稳定场，低流行率猪群的中药防控方案

【主证】母猪基本无临床表现或表现轻微，检测病原多为阴性，抗体阳性；仔猪病原阳性时断时续，抗体阳性。

【分析】此阶段属于 PRRS 潜伏期，PRRSV 为免疫抑制性病原，其侵染常损伤机体正气，当正气难以压制病邪时，疫毒随时伏而后发。为防止疫毒发作，一方面要扶正以制邪，同时还应清除体内疫毒，降低病毒载量。

【治则】扶正祛邪，清热解毒。

【方药】扶正解毒散 + 板青颗粒

【方解】因此阶段需扶正祛邪，清热解毒。扶正解毒散中黄芪补中益气，淫羊藿补肾助阳，共同辅助正气，板蓝根清热解毒祛除病邪。但由于 PRRS 阳性不稳定猪群体内的病毒载量较高，单靠扶正解毒散中的板蓝根难以清除，故复配板青颗粒（板蓝根、大青叶），以增强清热解毒之功。

【用法用量】每吨饲料添加扶正解毒散 2kg+ 板青颗粒 1~2kg，连续使用 7~14d，

停 7d，再连续使用 7~14d，直至转化为阳性稳定猪群。

3. 猪繁殖与呼吸综合征阳性稳定猪群的中药防控方案

【主证】母猪无临床表现，检测病原阴性，抗体阳性；仔猪病原和抗体均阴性。

【分析】此阶段属于 PRRS 潜伏期，疫毒随时伏而后发。但由于伏毒（体内的病毒载量）较阳性不稳定猪群显著降低，故为防止疫毒发作，虽仍需清热解毒，扶正以制邪，但清热解毒力度不需太强。

【治则】扶正祛邪。

【方药】扶正解毒散

【方解】由于阳性稳定猪群体内伏毒较阳性不稳定猪群明显减少，故该类猪群只需用扶正解毒散进行扶正祛邪即可。方中黄芪补中益气，淫羊藿补肾助阳，共同辅助正气，板蓝根清热解毒祛除病邪。

【用法用量】每吨饲料添加扶正解毒散 2kg，连续使用 7~14d，停 7d，再连续使用 7~14d。直至转为双阴性。

4. 猪繁殖与呼吸综合征阴性猪群的中药防控方案

【主证】母猪无临床表现，检测病原阴性，抗体检测阴性；仔猪病原和抗体均为阴性。

【分析】PRRS 双阴性猪群，体内虽无疫毒（PRRSV），但由于周围环境中的 PRRSV 很难彻底根除，一旦猪群正气不足，很容易再次复阳。故在加强饲养管理，做好生物安全管控的同时，定期用中药扶助猪群的正气。

【治则】扶助正气，防止复阳。

【方药】芪贞增免颗粒

【方解】由于虚证主要包括气虚、血虚、阴虚和阳虚四种。芪贞增免组方中的黄芪补中益气，淫羊藿补肾助阳，女贞子可以补血滋阴，从而防止气血阴阳不足导致的猪群再次复阳。

【用法用量】每吨饲料添加芪贞增免颗粒 2kg，连续使用 7d，停 7~14d，再连续使用 7d。

第三节
中药防控猪繁殖与呼吸综合征的
现代药理学研究

对于病毒性疾病的防控，临床一般使用疫苗接种的方法，但大多数上市的 PRRS 疫苗针对种类繁多的病毒仍难以提供有效保护。中草药已经被证实具有抗病毒、抗炎、抗氧化等多种生物活性，因此中药与中药活性物质正逐渐成为防控 PRRSV 的有效替代品，中药防控 PRRSV 的研究也取得了系列成果。

一、中药防控猪繁殖与呼吸综合征的药效研究

自从 2006 年国内暴发 HP-PRRSV 以后，PRRSV 对养猪业的危害进一步加大，已经有人在实验室或者在临床上探索用中药来防控 PRRSV。大量研究表明，多种中药和中药单体具有明确的抗 PRRS 作用。

1. 中药材与中药复方防控猪繁殖与呼吸综合征的药效研究

研究表明，板蓝根与黄芪等药材具有明确的抗病毒、增强机体免疫力的功效，王学斌等报道黄芪、板蓝根等中药提取物及组方对 PRRSV 具有明显的抑制作用，并且板蓝根与黄芪联合使用在体外对 PRRSV 的抑制作用显著增强。越来越多的研究人员开始研究使用中药防控 PRRS，杨婉莉等研究表明，甘草酸与苦参碱组方质量比为 1：4 时，对 PRRSV 的杀灭效果最佳，增殖抑制和直接杀灭试验细胞病变抑制率分别是 76.95 % 和 83.25 %。苗灵燕探索了红茴香注射液对 PRRS 的抗病毒作用，结果表明红茴香注射液在 PRRSV 生命周期的不同阶段均起到抑制作用，对 PRRSV 具有显著的抗病毒作用。耿世晴在体外筛选了 14 味对 PRRSV 有抗病毒作用的中药，结果表明对 PRRSV 抑制作用最强的为蒲公英、马齿苋、鱼腥草、紫草、虎杖，并且鱼腥草和虎杖可减少 PRRSV 感染 Marc-145 细胞的促炎细胞因子 IL-6、IL-8 和 TNF-α 的产生。

中药复方目前已经成为防治 PRRSV 的一种重要途径。刘斌等研究表明，芪板青颗粒对 PRRSV 有一定的抑制、杀灭和阻断作用，在芪板青溶液浓度为 24.4~3125.0

mg/L 时，有显著的抑制和杀灭 PRRSV 作用。李亚娜研究表明，麻黄甘草汤可修复 PRRSV 对 PAMs（猪肺泡巨噬细胞）引起的炎症损伤，间接起到抗 PRRSV 作用。临床也有应用研究表明，普济消毒散具有较好的抗 PRRSV 效果。有人使用中医方剂普济消毒饮治疗 PRRS，结果表明采用普济消毒饮治疗 PRRS 具有显著疗效，有效率可达 99.1%。刘颖国等人以临床 140 头感染 PRRSV 猪为对象，使用普济消毒饮治疗 3d，所有病猪均恢复正常。

2. 中药单体防控猪繁殖与呼吸综合征的药效研究

中药成分复杂，研究者开展大量研究，不断揭示中药复方中的主要抗 PRRSV 活性成分。目前已有研究表明，板蓝根、黄芪的中药单体成分板蓝根多糖、黄芪多糖为抗 PRRSV 的主要成分。而麻黄甘草汤的抗 PRRSV 有效活性成分为麦黄酮、芹菜素、木犀草素等。丹参中的活性成分丹参酮 IIA 磺酸钠对 PRRSV 具有抑制作用，抑制率可以达 100 %。绿原酸、黄芩苷、茶籽皂苷可以直接杀灭 PRRSV。表 4-3-1 汇总了目前报道的具有抗 PRRSV 活性的中药单体。

表 4-3-1　具有抗 PRRSV 活性的中药单体

中药	活性成分	抗病毒方式
黄芩	黄芩苷	抑制 PRRSV 复制周期的早期
绵马贯众	黄绵马酸 AB（Fa-Ab）	抑制 PRRSV 复制
咖啡	绿原酸	抑制 PRRSV 复制周期的早期
狗牙根	狗牙根提取物	抑制 PRRSV 复制
补骨脂	苯丙烯菌酮（IBC）	抑制 PRRSV 复制
丹参	丹参酮 IIA 磺酸钠	抑制 PRRSV 复制
洋葱	羟基吡啶硫酮	抑制 PRRSV 复制
奎尔帕特赤竹	SQE	抑制 PRRSV 复制
苦参	苦参碱	抑制 PRRSV 复制
桔梗	桔梗皂苷 D（Pd）	抑制病毒进入和内化、病毒复制与释放
葡萄籽	原花青素 A2（PA2）	抑制病毒吸附、内化、病毒包装和释放
芦荟	大黄素	多种方式：直接灭活 PRRSV 和抑制复制
连翘	连翘皂苷 A	抑制 PRRSV 复制
绿茶	表没食子儿茶素没食子酸酯	抑制早期病毒复制与吸附

（续）

中药	活性成分	抗病毒方式
甘草根（甘草）	甘草酸二钾	抑制 PRRSV 复制与组装
黄花蒿茎叶	青蒿琥酯	激活宿主细胞的抗 PRRSV 通路
啤酒花	黄腐酚	抑制病毒的吸附与内化，激活抗氧化通路
博落回	血根碱	抑制 PRRSV 生命周期的内化、复制和释放阶段
椰子油	辛酸单甘酯	抑制炎症因子
甘草	甘草酸（GL）	抑制 PRRSV 内化
普通百里香	百里香水溶胶	抑制 PRRSV 吸附
荆芥	荆芥水溶胶	抑制 PRRSV 吸附
姜黄	姜黄素	抑制 PRRSV 内化与基因组脱壳
茶籽	茶皂苷（TS）	阻止 PRRSV 进入并抑制病毒复制

二、中药对猪繁殖与呼吸综合征病毒的作用机制研究

中药含有多种天然生物活性成分，可通过多途径、多位点发挥抗病毒作用，包括对病毒的直接杀灭，对病毒生命周期的抑制，以及调节免疫反应和致病途径等。

1. 直接灭活病毒

直接杀灭病毒是指药物与病毒在细胞外接触后可直接灭活病毒的作用。蜂胶的主要活性成分咖啡酸苯乙酯可以直接灭活病毒，降低血液中 PRRSV 载量。板蓝根、黄芪和青蒿及其提取物具有体外抑制 PRRSV 作用，其中黄芪及黄芪多糖具有直接杀灭 PRRSV 效果，对 Marc-145 细胞的保护率为 100%。甘草主要成分的衍生物甘草酸二钾也被体外试验证实具有直接灭活 PRRSV 作用。以苦参、黄芩和地黄组成的苦参汤，通过空斑试验和半定量 PCR 检测证实对 PRRSV 有直接灭活作用，可通过破坏病毒结构，使病毒无法利用宿主细胞进行复制。

2. 阻滞病毒的吸附、内化、复制和释放

病毒生命周期一般分为吸附、内化、复制和释放阶段，中药有效成分可通过作用于不同阶段达到抑制 PRRSV 的作用。甘草酸可以刺激细胞产生抗病毒的先天免疫反

应，调节与 PRRSV 增殖直接相关的宿主限制性因子 $DDX5_3$ 和 NOS_3 的表达，多位点抑制 PRRSV 的侵袭和复制。姜黄素是天然多酚类物质，可能通过影响病毒包膜的流动性降低 PRRSV 的传染性，$15\,\mu mol/L$ 姜黄素处理 Marc-145 细胞抑制了 PRRSV 的内化、融合和脱壳。苦参碱可干扰 PRRSV 生命周期的各阶段。佛手柑素可以降低 Nsp2、Nsp10 和 Nsp11 等非结构蛋白的表达，导致 RTCs 的形成受阻，阻断病毒 dsRNA 的合成，最终抑制 PRRSV 的复制。博落回主要成分血根碱和白屈菜碱影响 PRRSV 的内化、复制和释放。

3. 抗炎

PRRSV 在外周血中诱导机体产生高水平的炎性细胞因子，包括 IL-1、IL-6 和 TNF 等，加重组织器官炎症反应。黄芩苷、甘草次酸和木犀草素在基因和蛋白水平上对 HP-PRRSV 感染诱导的猪肺微血管内皮细胞中 IL-1、IL-6、IL-8 和 VCAM-1 炎性因子表达有显著的干预作用。桑根酮 C 通过调控 PRRSV 非结构蛋白 Nsp10 上调 TRAF2 的表达抑制 NF-κB 信号通路的激活。大蒜素可通过抑制 TNF 和 MAPK 通路减轻炎性反应。人参皂苷 Rg1 抑制 NF-B 通路的激活，降低促炎因子 IL-1β、IL-8、IL-6 和 TNF-α 的 mRNA 水平，缓解仔猪肺部炎症并降低病毒载量。

4. 抗氧化

PRRSV 感染在细胞中诱导氧化应激状态，其特征是活性氧（ROS）和羟基自由基（HO·）的产生增加。青蒿琥酯是青蒿素的衍生物，其通过增加细胞 ADP/ATP 比率激活 AMPK 依赖性的 Nrf2/HO-1 通路，在 Marc-145 细胞和 PAMs 中呈剂量依赖的方式有效抑制 PRRSV 复制。也有研究表明，$10\,\mu mol/L$ 黄腐酚可上调 Marc-145 细胞 Nrf2 信号通路，包括 HO-1 的表达，达到抗氧化作用。

5. 调节宿主免疫反应

先天免疫应答在调节病毒感染和适应性免疫的启动中起着至关重要的作用，PRRSV 感染后可降低免疫应答反应。口服三七皂苷可显著提高 PRRSV JXA1-R 株诱导的 IFN-α 和 IFN-β 水平，IFN-α 分泌的恢复可能有助于 TH1 细胞免疫应答的建立。隐丹参酮预防和治疗性给药均可抑制 IL-10/STAT3 通路的激活，降低 CD163 mRNA 和蛋白在 PAMs 中的表达，从而抑制 I / II 型 PRRSV 在 PAMs 中的增殖。猪群饮水中添加 2mL/L 芪楂口服液（黄芪、山楂、麦芽、苍术、大黄和大青叶）可显著提升接种 PRRS 疫苗猪群体内抗体水平。

6. 抑制细胞凋亡

研究表明，饲料中添加辣椒精油可抑制 PRRSV 感染 PAMs 中与细胞凋亡相关基因的表达，这可能有助于控制 PRRSV 在巨噬细胞中的复制。大蒜精油可上调 PAMS 热休克蛋白（HSP70 和 HSP90AA1）的表达，这些蛋白负责调节转录因子和激酶，这些转录因子和激酶与 DNA 损伤刺激和细胞分裂的反应有关。丹参酮 IIA 通过抑制 N 基因表达和阻断病毒诱导的细胞凋亡来抑制 PRRSV。

第四节
中药防控猪繁殖与呼吸综合征的优势

兽用中药是在中兽医理论指导下，用于防控动物疾病的天然药物。由于中兽医基础理论与现代西兽医学有着本质的区别，故兽用中药本身及其用于防控 PRRS 均具有独特优势。

一、中药的自身优势

1. 来源天然性

中药来源于动物、植物、矿物及其产品，本身就是地球和生物机体的组成部分，保持了各种成分结构的自然状态和生物活性，同时又经过长期实践检验证实对人和动物有益无害，并且在应用之前经过科学炮制去除有害部分，保持纯净的天然性。这一特点也为中药的来源广泛性、经济简便性和安全可靠性奠定了基础。

2. 功能多样性

中药具有营养和药物的双重作用。现代研究表明，中药含有多种成分，包括多糖、生物碱、苷类等，少则数种、数十种，多则上百种。按现代"构效关系"理论，其多功能性就显而易见了。中药除含有机体所需的营养成分之外，作为药物应用时，会按照我国传统医药理论进行合理组合，使物质作用相协同，并使之产生全方位的协调作用和对机体有利因子的整体调动作用，最终达到提高动物生产性能的效果。这是化学合成物所不可比拟的。

3. 安全可靠性

长期以来，化学药物、抗生素和激素的毒副作用和耐药性使医学专家伤透了脑筋，尤其是易引起动物产品药物有害残留已成为一个全社会关注的问题。中药的毒副作用小，无耐药性，不易在肉、蛋、奶等畜产品中产生有害残留，是中药饲料添加剂的一个独特优势。这一优势，顺应了时代潮流，满足了人们回归自然、追求绿色食品的愿望。

4. 经济环保性

抗生素及化学合成类药物添加剂的生产工艺相对复杂，有些生产成本很高，并可能带来"三废"污染。中药源于大自然，且大多数进行人工种植，来源广泛，成本较低。生产不污染环境，而且产品本身就是天然有机物，各种化学结构和生物活性稳定，储运方便，不易变质。

二、中药防控猪繁殖与呼吸综合征的优势

1. 整体调理优势

中兽医学认为，动物体本身的各组成部分之间，在结构上不可分割，在生理功能上相互协调，在病理变化上相互影响，是一个通过经络紧密联系在一起的有机整体。因此，中兽医学在动物的生理、病理、诊法和治疗的各个方面均体现了动物体本身的整体性。

中兽医学认为，猪是以心、肝、脾、肺、肾五个生理系统为中心，通过经络使各组织器官紧密相连而形成的一个完整、统一的有机体。五脏与六腑互为表里，与九窍各有所属，各脏腑组织器官之间相互依赖、相互联系，以维持机体内部的平衡和正常的生命活动。因此中兽医在诊断猪病过程中，首先着眼于整体，重视整体与局部之间的关系。机体某一部分的病变，可以影响到其他部分，甚至引起整体性的病理改变。如 PRRSV 首先经口鼻犯肺，引起咳喘等呼吸道病证。肺属金，肾属水，金生水。故疫毒极易"母病及子"由母脏肺波及子脏肾。肾主生殖，疫毒及肾会影响胎儿的生长

发育，导致死胎、流产等；疫毒犯肺，致肺火太盛，一方面导致肺金过度克制肝木，进而引发肝气郁结，脾胃气滞，食欲减退或废绝；另一方面，肺与大肠相表里，肺火极易蔓延至大肠引发便干、便秘；疫毒由表及里，入营血，导致血热妄行，引起耳朵、颈部大面积出血，表现为"蓝耳"症状。此外，疫毒虽由口鼻入肺，但迁延日久，则会因机体生化乏源而引起肺气虚，甚至全身虚弱（免疫抑制）。因此，中兽医学治疗PRRS 时，不是只盯着肺，而是利用多味中药组成的复方，进行多靶点、全方位的整体治疗。有的药味清肺热止咳平喘；有的药味通肾利尿，防止肺毒入肾引起流产、死胎；有的药味清热凉血，防治热入营血引起血热妄行，导致"蓝耳"症状。但西医的药物，基本上是单一成分做成的制剂，且只盯着"疫毒（病原）"进行抑杀，很难做到从全身整体进行治疗。

总之，中兽医药的整体观念，对于 PRRS 的防治有着极为重要的指导意义。临床实践中，一定要从整体观念出发，要考虑到猪本身的整体性，只有这样才能对病证做出正确的诊断，确定有效的防治措施。

2. 辨证施治优势

中兽医学的"证"既不同于"病"，也不同于"症"。"病"是指有特定病因、病机、发病形式、发展规律和转归的一个完整的病理过程，即疾病的全过程，如肺炎、PRRS 等。"症"，即症状，是疾病的具体临床表现，如发热、咳嗽、流产、发斑等。"证"既不是疾病的全过程，又不是疾病的某一项临床表现，而是对疾病发展过程中，不同阶段和不同类型病机的本质，包括病因（如风寒、风热、湿热等）、病位（如表、里、脏、腑等）、病性（如寒、热等）和邪正关系（如虚、实等）的概括，它既反映了疾病发展过程中该阶段病理变化的全面情况，同时也提出了治疗方向。如 PRRS 后期的"气血两燔"证，既指出病位在肝肾，正邪力量对比属实，临床症状主要表现为高热不退、发斑，又能据此推断出致病因素为热，从而也就指出了治疗方向为"清解气血热毒"。由之可见，"病"是机体发生病理变化的全过程，"症"是专指病证的外在表现，"证"是对疾病过程不同阶段和不同类型的概括。换言之，由于"证"反映的是疾病在某一特定阶段病理变化的实质。因此，相对于"辨病治疗"和"对症治疗"，中兽医学的辨证论治更能抓住疾病发展不同阶段的本质，它既看到同一种疾病可以包括不同的证，又看到不同的病在发展过程中可以出现相同的证，因而可以采取"同病异治"或"异病同治"的治疗措施。

第五章
猪繁殖与呼吸综合征
中西医结合防控案例

PRRSV 因流行毒株多，且可通过碱基突变、缺失或重组等发生变异，导致防控难度大，已成为影响猪产业健康发展的重要疾病之一。目前，针对 PRRSV 的防控措施主要以疫苗免疫为主，但存在免疫失败、活疫苗毒力返强等局限性因素。因此，积极寻求新的防控措施是近年来 PRRSV 防控领域的研究热点。

中兽医药在我国畜牧生产中的应用有着悠久历史，数千年来，一直有效地指导着兽医临床实践，为保障畜牧业的发展做出了重要贡献。中兽医学认为，PRRS 属于瘟（疫）病范畴，病因是由于猪受到疫毒之邪侵袭，发病具有传染性、流行性和高热的特点。在 PRRS 发病初期，病邪主要入侵呼吸系统，病猪临床症状主要为发热、咳嗽、呼吸困难、神昏和食欲减退，符合瘟病学中卫气分证或上焦证的特点；在 PRRS 发病中期，病邪入侵消化系统或泌尿系统，临床症状主要为高热不退、尿黄、大便干燥或腹泻等，符合温病学中气分证或中焦证的特点；在 PRRS 发病末期，病邪入侵肝肾系统或神经系统，临床症状主要为高热不退、发斑出血、抽搐神昏等，符合瘟病学中营血证或下焦证的特点。另外，中兽医学认为，PRRS 的发生是机体内在因素和外在因素斗争的结果。"正气存内、邪不可干"，"正气"是动物机体脏腑功能对致病因素的抵抗能力，PRRS 的发病是猪机体发病衰弱的结果。这也为中兽医学预防 PRRS 的发生提供了理论基础。因此，中兽医学为 PRRS 的防控提供了新的思路和方法。

第一节
猪繁殖与呼吸综合征阳性不稳定场中西医结合防控案例

PRRS 阳性不稳定场，是指 PRRS 野毒在猪群内传播（水平传播或垂直传播），不断有新的猪被感染。通过实验室检测可以确定猪群的 PRRS 病原和抗体均为阳性。此类猪群往往可以观察到 PRRS 相关的典型临床表现，如繁殖障碍、呼吸道症状等，猪群的生产性能较差，定义为 PRRS 阳性不稳定场高流行；但也有时候由于毒株的差异，或者疫苗的免疫保护，猪群并未表现出典型的发病症状，生产性能处于生产者尚可接受的范围，定义为 PRRS 阳性不稳定场低流行。对于阳性不稳定场建议全场中西医结合药物控制，稳定后再使用 PRRS 疫苗免疫。以下为推荐防控方案。

推荐方案 1 对于 PRRS 阳性不稳定场中的后备母猪，推荐 50% 泰万菌素 1g/头、普济消毒散 40g/头，拌料，4 月龄、5.5 月龄各使用 1 次，每次连用 10d；对于 PRRS 阳性不稳定场中的经产母猪，推荐 50% 泰万菌素 2g/头、普济消毒散 40g/头，拌料，每月连用 10d；对于 PRRS 阳性不稳定场中的保育猪，推荐每吨饲料加 20% 替米考星预混剂 2kg、普济消毒散 3kg，断奶前后各用 3d 或断奶后连用 10d；对于 PRRS 阳性不稳定场中的生长育肥猪，推荐每吨饲料加 20% 替米考星预混剂 2kg、普济消毒散 3kg，保育舍转到生长育肥舍、110 日龄各做 1 次保健，免疫前 3d 开始做 1 次保健，连续使用 10d（表 5-1-1）。

已有研究表明，替米考星和泰万菌素均可以抑制 PRRSV 的复制，主要机制为经巨噬细胞吞噬后提高胞内的 pH，改变细胞内酸性环境，使 PRRSV 在巨噬细胞内的复制和扩散受到抑制。泰万菌素进入细胞并在胞内蓄积的速度比替米考星更快，因此泰万菌素对 PRRSV 的复制抑制效果更好；所用中药普济消毒散源自金元四大家之一的李杲（东垣老人）之方普济消毒饮，后经其弟子罗天益辑录整理而成《东垣试效方》，为清热剂的经典名方，方中药味由黄芩、黄连、人参、陈皮、玄参、甘草、连翘、牛蒡子、板蓝根、马勃、僵蚕、升麻、柴胡、桔梗 14 味中药组成，其中以黄连、黄芩为君药，主要功效为清热解毒、疏风散邪。细胞水平的抗 PRRSV 试验结果表明，普济消毒散提取物以剂量依赖方式抑制 PRRSV CH-1a 株的复制，且稀释 1280 倍时仍可以抑制 60% 以上病毒的复制。在动物攻毒的保护试验中，选取 PRRSV 病原与抗体双阴性仔猪 36 头，随机分为 3 组，其中两组为试验组，一组为阴性对照组。试验组猪颈部肌肉注射 NADC34 株 PRRSV，5mL/ 头；攻毒开始后第 2 天，其中一组混饲添加普济消毒散，3kg/t 饲料，连续使用 10d。另一组作为阳性对照组，只攻毒不给药。每天检测猪体温，观察临床状态、呼吸、采食及粪便状况，进行临床症状评分。连续观察至停药后 18d，逐头进行解剖，对肺等进行评分。结果表明，普济消毒散可减轻 PRRS 的发病症状，减轻对肺组织的损伤，促进疾病康复。

黄禄香对 120 头患 PRRS 猪采用普济消毒饮治疗，结果治愈 109 头，治愈率为 90.83%；有效 10 头，有效率为 99.16%。刘颖国等采用普济消毒饮加减治疗 PRRS，140 头 PRRS 病猪服用普济消毒饮 3d 后，治愈 135 头，治愈率为 96.43%。以上结果显示了普济消毒饮防治 PRRS 的良好效果。

在临床应用案例中，某猪场，2024 年 2 月 15 日 1 头后备母猪妊娠中期发生流产，随后半个月陆续发生 41 头后备母猪流产，多为妊娠前中期后备母猪，少部分为妊娠后期后备母猪。采集流产胎儿及相关病料（如淋巴结、脐带血等）送检，检测结果为 PRRS 经典毒株。3 月 13 日开始采用 50% 泰万菌素 1g/ 头、普济消毒散 40g/ 头拌料进行防控，用药至 3 月 22 日结束。用药后，后备母猪流产数明显下降，至 3 月 18 日再未发生流产。说明该中西医联合用药方案效果显著。

表 5-1-1　PRRS 阳性不稳定场不同猪群的中西医结合防控推荐方案 1

猪群类型	中西医结合防控推荐方案
后备母猪	50% 泰万菌素 1g/ 头、普济消毒散 40g/ 头，拌料，连用 10d
经产母猪	50% 泰万菌素 2g/ 头、普济消毒散 40g/ 头，拌料，每月连用 10d
保育猪	每吨饲料加 20% 替米考星预混剂 2kg、普济消毒散 3kg，断奶前后各用 3d 或断奶后连用 10d
生长育肥猪	每吨饲料加 20% 替米考星预混剂 2kg、普济消毒散 3kg，保育舍转到生长育肥舍、110 日龄各做 1 次保健，免疫前 3d 做 1 次保健，连用 10d

推荐方案 2　对于 PRRS 阳性不稳定场的妊娠母猪，每吨饲料添加拳参青虎颗粒 2kg、茵栀解毒颗粒 1kg，连续使用 7~10d；对于 PRRS 阳性不稳定场各阶段商品猪 PRRSV 感染引起的呼吸道综合征，推荐每吨饲料添加拳参青虎颗粒 2kg、20% 替米考星预混剂 2kg、10% 氟苯尼考粉 2kg，连续使用 7~10d（表 5-1-2）。

此方案已应用于 PRRS 阳性不稳定场中西医结合防控中。其中，拳参青虎颗粒为创新研发复方中药，研发灵感受《华佗神方》《华佗青囊书》中治疗瘟疫、咳喘等方法的启发，按中医理、法、方、药辨证，"师其法而不拘其方"而开发的新兽药。本品为拳参、大青叶、虎杖、诃子经提取制成的颗粒，具有清热解毒、化痰止咳平喘的功效。拳参味苦，性微寒，具有清热利湿、解毒散结的功效，主治肺热咳嗽。大青叶味苦，性寒，具有清热解毒、凉血消斑的功效，主要用于热病高热烦渴的治疗。文献报道，以大青叶为主要药味的组合物用于 PRRS 的治疗，5 头高致病性 PRRSV 感染猪症状均明显减轻，无继发感染发生，疗效显著。虎杖微苦，微寒，具有祛风利湿、散瘀定痛、止咳化痰的功效，主要用于关节痹痛、咳嗽痰多的治疗。诃子具有敛肺止咳、降火利咽的功效，常用于肺虚咳喘或久咳不止的治疗。

在临床应用案例中，某猪场，母猪存栏 600 余头，自繁自养。2019 年 9 月 22 日开始，突然出现妊娠母猪中后期流产，比例达到 6%。开始表现为低热，体温 40.5℃，食欲废绝，第 2 天开始流产，流产后母猪体温正常，恢复采食量。保育猪中后期死淘率增加，症状主要表现为发病初期出现打堆、咳嗽、体温升高达到 40~41℃；眼角有泪斑、皮毛粗乱，中后期出现呼吸困难、腹式呼吸、腹下皮肤出现出血点；耳朵边缘发绀。采集肺、淋巴结等病料送检，实验室检测结果为 PRRSV 阳性、肺炎支原体阳性、副猪嗜血杆菌阳性。对于妊娠母猪用药方案为每吨饲料添加拳参青虎颗粒 2kg、茵栀解毒颗粒 1kg，连续使用 7~10d。对于保育猪的用药方案为每吨饲料添加拳参青虎颗粒 2kg、20% 替米考星预混剂 2kg、10% 氟苯尼考粉 2kg，连续使用 7~10d。妊娠母猪用药 48h 后流产现象停止，一直到用药第 7 天未出现反复情况，也未出现低热、食欲废绝现象；保育猪用药后体温在 24h 内恢复正常，且用药 7d 内未出现反复，未出现呼吸道症状，皮毛精神和采食量逐渐恢复。

表 5-1-2　PRRS 阳性不稳定场不同猪群的中西医结合防控推荐方案 2

猪群类型	中西医结合防控推荐方案
妊娠母猪	每吨饲料添加拳参青虎颗粒 2kg、茵栀解毒颗粒 1kg，连用 7~10d
各阶段商品猪	每吨饲料添加拳参青虎颗粒 2kg、20% 替米考星预混剂 2kg、10% 氟苯尼考粉 2kg，连用 7~10d

推荐方案 3　对于 PRRS 阳性不稳定场高流行导致母猪流产、仔猪腹泻、商品猪呼吸道疾病严重，以及继发感染造成的死淘率高问题，推荐每吨饲料添加板蓝根颗粒 1kg、银黄可溶性粉 1kg、黄芪多糖粉 400g、20% 替米考星预混剂 1kg，连用 7~14d。

对于 PRRS 阳性不稳定场低流行引起的妊娠母猪繁殖障碍或商品猪呼吸道疾病，推荐每吨饲料添加板蓝根颗粒 1kg、银黄可溶性粉 1kg、20% 替米考星预混剂 1kg，连续使用 7~14d（表 5-1-3）。

此方案已应用于 PRRS 阳性不稳定场高流行的中西医结合防控中。其中，板蓝根颗粒为清热解毒、凉血利咽的传统中成药，用于肺胃热盛所致的咽喉肿疼、口咽干燥。文献报道，通过饲喂板蓝根颗粒，可以有效降低后备母猪抗体均值和抗体 S/P 值大于 2.8 的比例，使猪群 PRRS 更为稳定，提高后备母猪利用率。银黄可溶性粉是黄芩、金银花经提取物制成的棕黄色粉末，为纯中药制剂，具有清热解毒、宣肺化痰、止咳平喘、燥湿止痢等功能。李慧等采用饲料中分阶段添加银黄可溶性粉和板蓝根颗粒的方法，评价对 PRRSV 的临床抑制效果，发现添加银黄可溶性粉和板蓝根颗粒后，无论母猪还是仔猪的抗体水平比投药前均有所提高，降低猪群死亡率，改善猪群眼屎泪斑症状。结果表明猪群日粮中添加银黄可溶性粉和板蓝根颗粒在临床上可以有效防治 PRRS。黄芪多糖是豆科植物蒙古黄芪或膜荚黄芪的干燥根经提取、浓缩、纯化而成的水溶性杂多糖，由己糖醛酸、葡萄糖、果糖、鼠李糖、阿拉伯糖、半乳糖醛酸和葡萄糖醛酸等组成，具有益气固本、增强机体抵抗力的功效，可以提高机体的"正气"。

表 5-1-3　PRRS 阳性不稳定场不同猪群的中西医结合防控推荐方案 3

猪群类型	中西医结合防控推荐方案
阳性不稳定场高流行造成母猪流产、仔猪腹泻、商品猪呼吸道疾病严重	每吨饲料添加板蓝根颗粒 1kg、银黄可溶性粉 1kg、黄芪多糖粉 400g、20% 替米考星预混剂 1kg，连用 7~14d
阳性不稳定场低流行造成的妊娠母猪繁殖障碍或商品猪呼吸道疾病	每吨饲料添加板蓝根颗粒 1kg、银黄可溶性粉 1kg、20% 替米考星预混剂 1kg，连用 7~14d

在后备猪群 PRRS 阳性不稳定场高流行的防控临床试验中，选取后备猪 60 头，分 2 组，每组 30 头，试验组每头猪饲喂板蓝根颗粒 10g、银黄可溶性粉 2g 和黄芪多糖粉 2g，每天给药 1 次，127 日龄后先给药 3d，然后 130 日龄进行 PRRS 疫苗免疫，疫苗免疫后持续给药 2 周；对照组不给药。结果表明，试验组 PRRS-GP5 抗体水平明显上升，离散度更低，说明板蓝根颗粒、银黄可溶性粉和黄芪多糖粉能够提升猪群的健康水平，提高抗体水平，增强猪群免疫能力；并且可以降低猪死亡率（试验组死亡数为 0 头，对照组死亡数为 5 头），提升猪群配种率（试验组为 90%，对照组为 87.28%）。

推荐方案 4 对于 PRRS 阳性不稳定场，推荐 20% 泰万菌素 800g、板青颗粒 1kg、复合维生素 1kg，拌料 1t，每月连用 14d，连用 3 个月。

此方案已应用于 PRRS 阳性不稳定场高流行的中西医结合防控中。其中，板青颗粒由板蓝根和大青叶提取制粒而成；具有清热解毒、凉血功效，主治风热感冒、咽喉肿痛、热病发斑。刘斌等开展芪板青颗粒（板青颗粒加减方）体外抗 PRRSV 效果研究，试验结果表明芪板青颗粒有显著的阻断 PRRSV 的作用。复合维生素含有维生素 A、维生素 D_3、维生素 E、维生素 K_3、维生素 C、维生素 B_1、维生素 B_2、维生素 B_6、维生素 B_{12}、生物素、叶酸、烟酰胺、泛酸、β - 胡萝卜素、蛋氨酸、赖氨酸、胱氨酸、缬氨酸、异亮氨酸、亮氨酸、酪氨酸、苯丙氨酸、精氨酸、组氨酸、苏氨酸、有机硒、低聚木糖、碳酸氢钠、葡萄糖（载体）等。

在临床应用案例中，某规模猪场，700 头经产母猪未免疫过蓝耳病疫苗。2021 年 10 月开始陆续出现母猪流产，流产率在 10% 以上，且伴随着产死胎、早产及产弱仔的现象出现。保育猪发病集中在 50~60 日龄，发病率在 26% 左右，死淘率在 10% 以上，伴有呼吸道症状、消瘦、炸毛等。育肥前期，育肥猪不间断地出现腹式呼吸，体温在 40~41℃，厌食，但无鼻涕，未出现死亡。根据其发病情况，取流产胎儿及保育死亡猪的肺、淋巴结等组织，检测与繁殖障碍相关的疫病，结果显示其病原为 PRRSV；对分离的毒株进行基因测序分析，结果显示为类 NADC30 毒株。全群母猪使用 20% 泰万菌素 800g、板青颗粒 1kg、复合维生素 1kg，拌料 1t，连用 14d。同时，进行小群免疫试验，后备母猪、妊娠母猪、哺乳母猪各阶段 10 头，进行紧急免疫（R98 株活疫苗），3 头份 / 头，肌肉注射。药物保健 14d 期间，观察母猪是否出现应激、流产等异常情况。保健结束后，进行全群母猪的紧急免疫，3 头份 / 头，肌肉注射。断奶仔猪进行药物保健，20% 泰万菌素 800g、板青颗粒 1kg、复合维生素 1kg，拌料 1t，连续使用 14d。育肥猪饮水给药，20% 泰万菌素 500g、板青颗粒 500g、复合维生素 500g，兑水 1t，2 次 /d，3h 饮完，连用 14d。用药后，母猪流产，产死胎、弱仔，以及保育、育肥期间的 PRRS 症状得到了良好的控制和改善。PRRS 的抗体检测报告表明，S/P 值的各项水平均表现稳定，其中母猪群 S/P 值在 1.5 左右，阳性率也接近 100%，离散度控制在 30% 左右，说明种猪群处于 PRRS 阳性稳定状态；育肥猪发病率及死亡率大大降低，S/P 值的水平也趋于平稳。

第二节
猪繁殖与呼吸综合征阳性稳定
场中西医结合防控案例

PRRS 阳性稳定场，是指虽然可以允许猪群存在 PRRS 野毒株感染的带毒猪，但是找不到病毒传播的证据。此类猪群通过实验室检测，抗体呈阳性，通过各种途径（唾液、粪便、血清、脐带血、精液等）检测不到病原，或偶尔检测到抗原，但是猪群没有新的猪发生感染，没有形成新的传播，猪群的阳性率没有上升。此类猪群一般没有 PRRS 相关的临床症状，猪群生产性能良好。根据生产管理者采取的不同应对措施，又可以将阳性稳定场分为以下两种：阳性稳定场 A，此类猪群主动采取 PRRS 活疫苗的免疫来维持阳性稳定的状态，猪群持续暴露于疫苗毒株，也允许被检测到疫苗毒株；阳性稳定场 B，此类猪群主动采取净化措施，停止活疫苗的使用。猪群既没有野毒株的暴露也没有疫苗毒株的暴露。理论上，在排除新的 PRRS 野毒株感染的情况下，随着时间推移，抗体自然衰减为阴性，可以转变为趋于阴性场或阴性场。

推荐方案 1 对于 PRRS 阳性稳定场中的后备母猪，推荐 50% 泰万菌素 1g/ 头、普济消毒散 20g/ 头，拌料，连用 10d；对于阳性稳定场中的经产母猪，推荐 50% 泰万菌素 1g/ 头、普济消毒散 20g/ 头，拌料，连续使用 10d，免疫前 3d 开始使用。对于 PRRS 阳性稳定场中的保育猪，推荐每吨饲料加 20% 替米考星预混剂 2kg、普济消毒散 3kg，拌料，断奶前后各用 3d。对于阳性稳定场中生长育肥猪，推荐每吨饲料加 20% 替米考星预混剂 2kg、普济消毒散 3kg，拌料，保育舍转到生长育肥舍、110 日龄各做 1 次保健，每次连续使用 10d（表 5-2-1）。

表 5-2-1　PRRS 阳性稳定场不同猪群的中西医结合防控推荐方案 1

猪群类型	中西医结合防控推荐方案
后备母猪	50% 泰万菌素 1g/ 头、普济消毒散 20g/ 头，拌料，连用 10d
经产母猪	50% 泰万菌素 1g/ 头、普济消毒散 20g/ 头，拌料，连用 10d，免疫前 3d 开始使用
保育猪	每吨饲料加 20% 替米考星预混剂 2kg、普济消毒散 3kg，拌料，断奶前后各用 3d
生长育肥猪	每吨饲料加 20% 替米考星预混剂 2kg、普济消毒散 3kg，拌料，保育舍转到生长育肥舍、110 日龄各做 1 次保健，每次连用 10d

推荐方案 2　对于 PRRS 阳性稳定场中的经产母猪，推荐每吨饲料添加拳参青虎颗粒 2kg，每月定期使用 1 次，每次连用 10~15d。对于后备母猪，推荐每吨饲料添加拳参青虎颗粒 2kg，从种猪进场开始，每月用药 15d，连用 2~3 月（表 5-2-2）。

表 5-2-2　PRRS 阳性稳定场不同猪群的中西医结合防控推荐方案 2

猪群类型	中西医结合防控推荐方案
经产母猪	每吨饲料添加拳参青虎颗粒 2kg，每月定期使用 1 次，每次连用 10~15d
后备母猪	每吨饲料添加拳参青虎颗粒 2kg，从种猪进场开始，每月用药 15d，连用 2~3 月

推荐方案 3　对于 PRRS 阳性稳定场，推荐每吨饲料添加板蓝根颗粒 1kg、20% 替米考星预混剂 1kg，连续使用 7~14d。

推荐方案 4　对于 PRRS 阳性稳定场后备母猪，推荐每天服用玉屏风散 5g/ 头、板青颗粒 5g/ 头、20% 泰万菌素 3g/ 头，连续使用 14d。

此方案已应用于 PRRS 阳性稳定场的中西医防控中。其中，玉屏风散为补益剂经典名方，药味由防风、黄芪、白术组成，具有益气固表止汗之功效，主治表虚所致的腠理不固，易感风邪，具有提高机体"正气"的功效。

第三节
猪繁殖与呼吸综合征阴性场中西医结合防控案例

PRRS 阴性场包括趋于阴性场和阴性场。趋于阴性场，是指母猪群抗体全部转阴后，引进阴性的后备母猪 60d 内不转阳，则可以定义为趋于阴性场。除母猪群外，本场其他猪群也要求为抗体阴性。PRRS 阴性场，是指成为趋于阴性场后 1 年内仍保持 PRRS 病原、抗体双阴的猪场，或者是指完全新建的 PRRS 双阴性猪群、清群后重新建群的 PRRS 双阴猪群。由于周围环境中 PRRSV 难以彻底根除，因此 PRRS 阴性场要防止转阳，加强饲养管理，做好生物安全措施，同时可以采用"扶正"的中药，提高猪群抵抗力。

推荐方案 1 对于 PRRS 趋于阴性场或 PRRS 阴性场，后备母猪、妊娠母猪和哺乳母猪推荐扶正解毒散 20g/ 头、20% 替米考星预混剂 4g/ 头，1 次饲喂，免疫前后连用 7~10d，连续使用 3 个月；对于哺乳母猪或保育猪，推荐每吨饲料加扶正解毒散 3kg、20% 替米考星预混剂 2kg，断奶仔猪免疫后连用 7~10d。对于生长育肥猪，推荐每吨饲料加扶正解毒散 3kg、20% 替米考星预混剂 2kg，保育舍转到生长育肥舍及 110 日龄各做 1 次保健，每次连续使用 7d（表 5-3-1）。

此方案已应用于 PRRS 阴性场的中西医结合防控中。扶正解毒散为兽医临床常用中药，药味由板蓝根、黄芪、淫羊藿组成，具有扶正祛邪、清热解毒和补中益气功效，主要用于猪场保健，能够调整机体的免疫功能，降低和消除免疫抑制。方中黄芪补中益气，淫羊藿温肾补阳，调节免疫以扶正，板蓝根清热解毒、凉血消肿以祛邪。三药合用，供奏扶正祛邪、清热解毒之功。

表 5-3-1 PRRS 阴性场不同猪群的中西医结合防控推荐方案

猪群类型	中西医结合防控推荐方案
后备母猪、妊娠母猪、哺乳母猪	扶正解毒散 20g/ 头、20% 替米考星预混剂 4g/ 头，1 次饲喂，免疫前后连用 7~10d，连用 3 个月
哺乳母猪 / 保育猪	每吨饲料加扶正解毒散 3kg、20% 替米考星预混剂 2kg，断奶仔猪免疫后连用 7~10d
生长育肥猪	每吨饲料加扶正解毒散 3kg、20% 替米考星预混剂 2kg，保育舍转到生长育肥舍及 110 日龄各做 1 次保健，每次连用 7d

推荐方案 2 对于 PPRS 趋于阴性场或 PRRS 阴性场，推荐每吨饲料添加拳参青虎颗粒 2kg 和相应敏感抗生素，从断奶开始连续使用 15d，停药 7~10d 后，再连用 10~15d。

推荐方案 3 对于 PRRS 趋于阴性场或 PRRS 阴性场，推荐每吨饲料添加板蓝根颗粒 1kg，连续使用 7~14d。

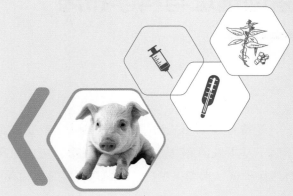

第六章
猪场生物安全体系建设

中国是养猪大国，但不是养猪强国，生产效率较低，养殖水平与欧美发达国家相比还有较大的差距，其中一个重要原因是国内疫病复杂。而生物安全措施是现代规模化猪场实现疫病防控、保障生产安全、提高经济效益的主要手段。现代规模化猪场对猪场整体的生物安全防控原则是：积极、科学、适用的以预防为主；及时、准确、细致的以诊治为辅。一套完备而科学的生物安全防控措施对于猪场长远发展至关重要。

第一节
猪场选址与科学布局

一、合规

应符合国家相关法律、法规的规定或要求，符合地方政府的土地发展规划政策，不属于基本农田和林地，应位于法律、法规明确规定的禁养区以外，禁止在旅游区、自然保护区、水源保护区、城镇居民区等人口集中区域和环境污染严重的地区建场。

二、交通便利

猪场选址距主要交通公路、铁路要尽量远一些，但不能太过于偏僻。既要考虑到猪场本身生物安全管控的有效性，又要考虑猪场对外的衔接。猪场既要远离交通主要干道，又要交通方便，因为猪场的物资转运量（防疫物资、饲料和猪转运）很大。大规模猪场距离铁路和国家一、二级公路不少于 300~500m，距离三级公路不少于 150~200m，距离四级公路不少于 50~100m。

三、地理位置优越

猪场场址应位于居民区常年主导风向的下风向或侧风向，地势高燥，通风良好。最好周边有大片农田、果蔬基地，可以消耗猪场产生的粪肥，极大地解决粪污污染的问题。另外，为了充分利用土地资源和节约成本，在原猪场或其他畜禽场重建、改建和扩建的，应彻底消杀病原微生物。

四、其他

配备专用深水井和蓄水池，保质保量，不易污染；保障电力供应，备用柴油发电机，保证供电稳定；了解当地水文资料和地质构造，避免发生自然灾害。

五、符合规模猪场建设标准

规模猪场建设的具体标准可参考中华人民共和国国家标准 GB/T 17824.1—2022《规模猪场建设》，见附录 C。

第二节
猪场的合理布局

一、猪场整体布局

猪场的整体布局主要分为两部分：猪场外部布局和猪场内部布局。猪场外部区域一般包括洗消中心、售猪中心和烘干房等；猪场内部区域包括隔离区、生活区、生产区等（图6-2-1）。规模化猪场严格执行各个功能区相隔离的原则，各个区之间要有缓冲带，防止交叉污染。

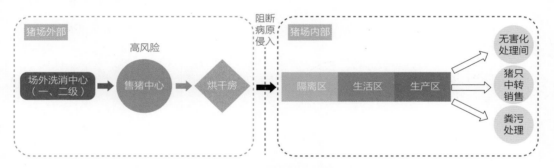

图 6-2-1　猪场整体结构图

二、猪场外部布局

1. 洗消中心

对于猪场外部转运车要实行分区、分类管理。洗消中心的主要工作就是洗车、消毒和烘干。生物安全是一个概率问题，因此要尽量减少各类车辆外出或来场的次数。实行生物安全一票否决制，也就是说，车辆检测不合格坚决不让进场，这样才能切断病毒的传播途径，从而阻止病毒感染。

所有外部转运车辆先到一级洗消中心按照六步流程进行洗消（图6-2-2），检查合格后才可到二级洗消中心进行二次洗消，最后装猪，未经此流程的车辆一律不接待。洗车要彻底，车厢、厢板、驾驶室、车顶、车底、轮胎、挡泥板等地方都必须进行无死角清洗，车内及驾驶室内不能有杂物。驾驶人员经检测合格由工作人员同意后方可下车。规模化猪场如果在经济实力允许的情况下，可自行准备转运车，按流程进行转运。

图 6-2-2　外部洗消中心洗消流程

2. 售猪中心

售猪中心一般包括三个区域，即外部的脏区、转猪台的灰区和内部转猪的净区（图 6-2-3）。外部运猪车在脏区停靠；内部转运车在净区停靠，在转猪的过程中猪只能从净区到脏区单向流动。另外，在整个猪销售过程中，保证外部运猪车和人员与内部转运车和人员无接触。每次猪出售完毕后，中转人员应立即对售猪中心场地进行清洗、消毒，做好生物安全防范工作。

图 6-2-3　售猪中心的布局

3. 烘干房

将人员的生活物资和猪场内无法进行消毒液浸泡的物资依次展开，摆放在烘干房的货架上，烘干程序为 60℃、持续 2h，然后转入隔离区。

三、猪场内部布局

1. 隔离区

隔离区是阻止场外病毒进入场内的第一道防线。场外人员进场时首先在隔离区采样、消毒、洗澡和隔离，待检测合格后，更换衣服进入生活区；物资消毒一般可分为两类：可浸泡物品和不可浸泡物品。对于可浸泡消毒物品，首先进行采样检测，然后去除外包装放入消毒水中浸泡 30min，最后放入仓库静置 1 周；对于不可浸泡消毒物品，先进行采样检查，然后以擦拭、雾化或者烘干的方式进行消毒，最后放入仓库静置 1 周后即可转运到生活区（图 6-2-4）。

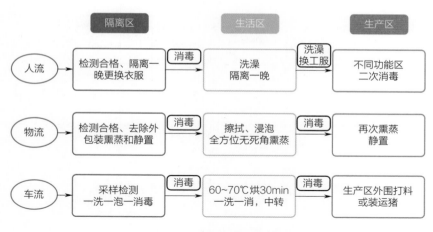

图 6-2-4　猪场内部防控措施图

2. 生活区

生活区是防止病毒进入生产区的第二道屏障。在隔离区的人员完成隔离后按照指定路线进行消毒、洗澡和更换工作服，隔离 24h 后方可进入生产区工作。静置后的物资一般存放在生活区的仓库中，由专人负责看管，再转入生产区之前需要对物资表面以擦拭、浸泡或者熏蒸的方式进行二次消毒后方可运入生产区。车辆进入生活区时要严格按照外部洗消流程进行洗消，经层层把关，严格检测后方可驶入生产区。如果无特殊情况，严禁外部车辆进入生产区。

3. 生产区

生产区包括各个功能区和生产设施，是猪场中的核心区域、猪频繁调运的地方、也是生物安全防控的重点区域，应禁止一切外来车辆与人员进入。生产区入口要设立人员洗消间和物资洗消间，确保物资进入猪场的顺序是隔离区到生活区再进入生产区，保证物资进行 2 次消毒。在生产区规划时，要确保有单独的 2 条运输通道，互不交叉，避免交叉污染。人员从生活区进入生产区时要洗澡，换生产区内的工作服；物资进入生产区也要再次消毒；同样，在生产区外围的打料车或者运猪车也要经过再次消毒后方可进入。

（1）仔猪销售　对于仔猪的转运应遵循全进全出的原则，先进行猪采样检测，检测合格后方可转运。转运人员安排好转猪通道（最好是密封通道），并由猪场专人提前完成清理和消毒工作；饲养员统计好需要转移的猪和规划好猪舍内赶猪路线，在每头猪出猪舍前进行全身消毒（喷雾器喷洒）；禁止粗暴赶猪（避免应激过大），赶到指定区域交给接猪人员（双方人员不接触）；在场内转猪过程中，每段路程都要有人负责专人对接，将猪驱赶至中转处，由专车进行转运（图 6-2-5）。

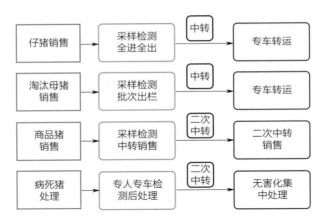

图 6-2-5　生产区猪转运示意图

（2）**淘汰母猪销售**　淘汰母猪准备出售时，首先进行采样检测，然后对卖猪通道进行彻底的消毒，尽可能保证转运通道是封闭的。淘汰母猪转运至出猪台的过程中尽量不要碰猪，最后猪通过转猪台转移至外部转运车。销售完成后，参与人员要经过洗澡、消毒、换衣服方可进入生产区；转猪结束后转猪台、转猪通道、相关工具和人员都要进行彻底消毒。

（3）**商品猪销售**　目前大多数猪场采用四段式赶猪法完成猪销售过程。四段式生猪销售由本场人员操作前面三段，将需要销售的猪提前 1h（抢在装猪车没来前完成）赶至待售区。具体流程为：第一段，将猪赶出指定单元；第二段，将猪赶至生产区出口，由专车负责中转；第三段，将猪由专人赶到出猪台；第四段，外围专人负责将第四段猪赶上外延后的转猪台，并负责装车。销售完成后，各段赶猪人员完成自己负责段内场地的全面打扫与消毒，人员到各自指定的浴室换衣、洗澡并浸泡衣服 30 min 以上，出猪台用生石灰白化处理。

（4）**病死猪处理流程**　对于规模化猪场生产过程中病死猪，首先对病死猪进行采样，确定非洲猪瘟病毒检测结果为阴性后，用塑料薄膜或黑色垃圾袋将死猪包裹密封，然后用专用的推车将猪运到病死猪处理点进行无害化处理。对死猪接触的地面、墙壁进行彻底消毒。无害化人员要对拉猪车、胶桶等交通工具进行消毒；人员要消毒、洗澡、换衣服后才能继续工作。

在当前疫情肆虐的环境下，每个猪场都有一套适用于本猪场的成熟的生物安全防控措施，但是每个猪场的生物安全防控核心是不会变的。最终的目的都是为了切断传播途径，不让病原微生物进入猪场，从而实现科学健康养殖。

第三节
虫媒管理与风险动物控制

猪场最大的生物安全风险主要来自外部，除了运输车辆、销售猪和人员物资进出管控之外，虫媒管理与风险动物控制的重要性也是不容忽视的。在养猪生产过程中的食源吸引下，外围的害虫会被吸引到场内，在棚舍的外围，料塔、粪堆口等区域居住下来。并通过棚舍内的线路、管道安居到棚舍顶部，繁衍壮大种群，在猪群中有规律地生活。鸟类和其他小动物有可能携带外来病原侵入猪场，对猪群健康造成不确定性危害。因此，做好虫媒管理与风险动物控制是猪场防控十分重要的一环。

一、鼠类防控措施

首先，要杀灭场内的所有鼠类，根据鼠的品种选择杀灭的方法与用药方式，根据鼠密度决定用药量和用药次数。一般要在第 1 次灭鼠发现大量死亡以后的 1 个月内再检查用药 1 次。在这期间应及时清理鼠尸并进行焚烧深埋。其次，应该封堵入侵途径，棚舍周边地面硬化率要提高。同时在围墙和棚舍周围设立鼠饵盒，鼠盒内最好放置防潮设计的蜡质毒饵。此外，应做好内部管理工作，认真做好清洁、清扫工作，减少或清理漏料、粪便等，虫害的问题其实是卫生的问题。

二、猪场周围鸟类防控措施

在猪场所有能接触到猪的开放部位都要增设防鸟网，如饲料库房、猪舍门窗、转移猪的通道等。防鸟网是一种网状织物，材料最好能够具有拉力强度大、抗热、耐水、耐腐蚀、耐老化、无毒无味、废弃物易处理等特点。如果有散落在外的饲料，要及时清理干净，避免吸引鸟类。水源和饲料不要露天存放，避免被鸟类污染。定期检查防鸟网是否有破损口，及时修补。猪场也可以播放一种类似哨子的声音或者播放驱鸟音乐来驱逐鸟类，减少鸟类对疾病的传播。

三、蚊蝇防控措施

对于蚊蝇最有效的方法是控制猪场及周围的环境卫生，保持环境清洁干燥。每天将产出的粪便及时收集处理，搞好生产区环境卫生，及时清理撒落的饲料和猪场周边的杂草及积水。消灭蚊蝇的方法：一是在门窗上使用纱窗，有效阻挡蚊蝇的进入。二是用灭蚊蝇药物涂在有黏性的纸板上，吊在生产区里。三是在生产区内多点位使用灭蚊灯或使用畜牧专用蚊香。四是在蚊蝇产卵繁殖的场所投放杀虫药。

四、其他风险动物控制

了解猪场所处环境中是否有野猪等大中型野生动物，发现后需及时驱赶。选用密闭式大门，与地面的缝隙不超过 1cm，且日常保持关闭状态。禁止种植能攀墙的植物。定期巡视，发现大中型动物靠近及时驱赶，发现小型动物及时捕捉。猪舍外墙完整，除通风口、排污口外不得有其他漏洞，并在通风口、排污口安装高密度铁丝网，侧窗安装纱网。场内环境问题也是控制风险动物十分关键的一步，应该及时清扫生产区散落的饲料，做好生活区清洁，及时处理餐厨垃圾，避免给其他动物提供食物来源。做好场内卫生管理，杜绝卫生死角。

第四节
猪场生物安全培训

为更好地执行猪场的生物安全管控措施，猪场应设立生物安全体系建设小组，建立相关生物安全制度与标准操作流程，并对人员定期开展培训与考核。

一、生物安全制度管理

猪场应成立生物安全体系建设小组，负责生物安全制度建立，督导措施的执行和现场检查。针对生物安全管控的各个环节，如人员入场流程、车辆入场流程、物资进场流程、猪群流动流程等制定标准的操作规程，并要求相关人员严格执行。将各项规程在适用地点进行张贴，使规程随时可见并方便获得，督促员工学习。人员完成生物安全操作后，对时间、内容及效果等详细记录并归档。制定生物安全逐级审查制度，对各个环节进行不定期抽检。可对执行结果进行打分评估，并制定奖惩制度，对长期坚持规程操作的人员予以奖励，违反人员予以处罚。

二、人员培训

猪场制定员工的生物安全培训计划，重视人员理论知识学习，系统地对疫病知识、猪群管理、生物安全原则、操作规范及生物安全案例等方面内容进行培训，提高人员生物安全意识。通过集中培训、网络学习、现场授课及实操演练等多种形式开展培训，并进行考核。

1. 制定培训计划

猪场制定系统的生物安全培训计划。新入职人员须经系统培训后上岗；在职人员持续定期培训，确保生物安全规程执行到位。

2. 理论培训

针对猪场工作人员，培训内容包括猪场生物安全基础知识、防疫措施、消毒技术、疫苗接种程序等。针对管理人员，培训内容应侧重于生物安全管理策略、应急预案制定与实施、猪场生物安全体系建立等。针对兽医，培训内容包括疾病诊断与防治、疫情监测与报告、实验室检测技术等。理论培训可以通过多种方式进行。

（1）**线下培训**　组织专业讲师到猪场进行现场授课。

（2）**在线培训**　利用网络平台，如视频会议软件，邀请专家远程授课，方便学员随时学习。

（3）**培训手册**　编制猪场生物安全培训手册，提供系统的学习资料，供学员自主学习。

3. 实操培训

定期组织生物安全实操练习，按照标准流程和规程进行操作，及时纠偏改错，确保各项程序规范执行到位。

4. 考核与福利

对完成系统培训的人员，进行书面考试和现场实操考核，每个员工均应通过相应的生物安全考核。此外，为了生物安全制度能够全面执行到位，提升员工工作积极性和热情，猪场可以根据自身发展情况，在饮食、居住、生活、休闲娱乐等方面提供一些基础服务和必要的硬件设施作为福利。

三、猪场生物安全风险检查清单

以某猪场生物安全风险评估检查清单为例，具体展示培训人员的生物安全风险评估薄弱环节（表 6-4-1）。

表 6-4-1　生物安全风险评估检查清单

风险因素	序号	要求
转猪运输	1	猪转运遵循单向流动原则，赶往出猪台的猪不再返回
	2	有转猪通道，转猪前后清洁消毒并检查合格
	3	使用车辆转运时，转猪前后对车辆进行清洗消毒并检查合格
	4	场内不同区域之间转猪有明显的界线，不同区域人员不能越界接触
	5	场内转场外车辆进行清洗消毒并检查合格
	6	销售或转猪到场外时赶猪人员不得越过赶猪半门
	7	运输车辆没有到过其他任何猪场
	8	外勤人员转猪前后换衣洗澡
	9	出猪台有半门，符合要求
	10	销售完猪后，出猪台立即清洗并消毒
	11	有专门用于淘汰猪转运的出猪台
	12	淘汰猪转运使用中转车
饲料运输	13	有运输里程记录表
物资运输	14	外购物资进场执行严格的熏蒸消毒流程
	15	物资运输车辆运输前后执行消毒流程
人员流动	16	生产区内不同区域人员不存在串舍现象
	17	场内修理工及管理人员在不同区域间流动执行生物安全处理流程
引种	18	有单独的隔离场
	19	引进猪隔离时间达到 2 个月
	20	引种前本场和供种场有要求的检测报告
	21	做完后备疫苗并抗原检测合格后转入配种舍

（续）

风险因素	序号	要求
消毒	22	按照手册及标准操作规程要求准确执行消毒流程
	23	消毒液配置浓度准确
	24	消毒设施配备齐全
免疫	25	无推迟免疫超过 1 周的现象
	26	按照送检程序按时执行实验室检测

以某猪场生物安全检查清单为例，具体展示不同区域生物安全管理的关键项目（表 6-4-2）。

表 6-4-2　猪场生物安全检查清单

分类	序号	检查项目
场外洗消中心	1	储水池按时添加消毒药，且出水口检测 ORP ≥ 700mv
	2	消毒池（车辆、消毒通道）清洁、足量和消毒液浓度达标，检测 pH > 13
	3	按车辆消毒程序清洗消毒，且清洁液、消毒液浓度及干燥程度均合格
	4	车辆清洗消毒检查记录齐全
	5	饲料每次进料后立即消毒 12 h，饲料消毒记录齐全
	6	进场物资有消毒记录
	7	消毒设备（臭氧消毒机、紫外消毒箱）使用正常，早 8:00 和晚 20:00 起动和取物
	8	洗消车辆有检验合格证明
	9	物资以最小包装分散摆放于架子上
售猪中心	10	售猪中心有明确的界线
	11	售猪中心有明显的标识
烘干房	12	定期测定室内温度
	13	有明显的净区和脏区分界
	14	进入隔离室前保证随身所有物品执行消毒程序
隔离区	15	员工储物箱 / 架完好、整洁卫生
	16	更衣室清洁卫生、物品摆放整齐
	17	浴室设备齐备、洗浴用品齐备、浴室清洁卫生
	18	进隔离室按照换衣程序操作
	19	厕所清洁卫生（无杂物、蜘蛛网，马桶无尿渍、粪便）
	20	隔离记录完整（各类人员、隔离时间等）

（续）

分类	序号	检查项目
生活区	21	进入生活区车辆及人员的门随时关闭、上锁
	22	饲料库房防潮、防雨、防鼠、防鸟，密封完好
	23	饲料库房按饲料种类堆放整齐，不应靠墙堆放，地上无散落饲料
	24	灭鼠（鼠药放置、鼠药定时更换）
生产区	25	进入生产区洗澡换衣，浴室有防滑垫，赤脚进入
	26	生产区工作清洁卫生
	27	所有圈舍、房间均有防鼠、防鸟、防虫纱窗
	28	人员不在区域间串舍
	29	转猪通道干净卫生
	30	场地、道路按时消毒
	31	猪舍消毒池清洁、足量且消毒液浓度（2% 氢氧化钠）达标，pH ≥ 13
	32	兽医器械使用后立即于当天消毒，车间无针头及注射器随意摆放
	33	严格按免疫程序执行，车间及兽医日报有完整记录
	34	灭鼠、防虫、防鸟按要求执行

为控制生物安全风险，猪场应加强制度管理与人员培训，并对照清单内容对各区域进行生物安全检查与评分，维持猪场的生物安全常态化管理。

第五节
生物安全防护失败案例

生物安全措施被定义为为减少病原体进入猪场（外部生物安全）和减少其在猪场内传播（内部生物安全）而采取的一系列措施。在许多情况下，生物安全措施的实施意味着猪场管理的变化，设施投资和猪场工作流程的变化；然而，生物安全措施应被

理解为投资，而不是成本。而且，它们的实施结果必须从中长期来评估。如果只期望短期有成果可能会有挫败感，甚至会放弃实施。为了避免这种不利的情况，每个生物安全措施的实施都必须设定一个目标，也就是未来可衡量的结果。

一、案例分析 1——生物安全措施不当

（1）**发病信息**　河北某千头基础母猪场，其育肥场第 1 栋转入 627 头 42 日龄仔猪，53 日龄免疫猪瘟疫苗，56 日龄出现症状，表现为发热（40.5~41℃），扎堆，畏寒怕冷，流清鼻涕，咳喘，消瘦。发病后期有腹泻。发病约 60 头，死亡 40 头；育肥场第 2 栋在第 1 栋发病 15d 前后，456 头仔猪出现症状，情况类似第 1 栋；育肥场第 3 栋在第 1 栋发病 14d 前后，1710 头仔猪出现症状。

（2）**临床症状与诊断**　剖检可见肺水肿，肉样病变，变硬，指压不塌陷，出血不明显。下颌淋巴结和肺门淋巴结少量出血；肾外侧有少量充血，但肾盂和髓质无出血、无肉眼可见病变。心外膜有纤维素样渗出，膜粘连；扁桃体、脾脏、消化道和膀胱无明显病变；关节腔没有肿胀和混浊黏液，关节液清亮。

经实验室病原检测、血清学检测，结果为 PRRSV 病原阳性，PRV 病原检测阴性，A 型流感病原检测（试纸条）阴性。之后种猪场也出现问题，病原学、血清学和临床表现都相互印证，确诊为 PRRSV 感染。

（3）**生物安全防护失败原因分析**　复盘该案例，发现是育肥场生物安全措施不当被感染，无害化处理流程不当回传母猪群，两场人员交叉同回公司导致。以上发现表明 PRRSV 的发生与管理上的疏忽息息相关。该猪场育肥舍出现 PRRSV 阳性猪后，局部区域清群方面处理不到位，生产区相关人员、猪场设备、器械、注射针头、猪场运输工具等消杀不彻底和动物尸体无害化处理不当，导致发生猪与猪之间传播。然后两场人员交叉，从而进一步导致病毒扩散。因此 PRRSV 在猪群内的传播，可能受到硬件条件（洗澡间、车辆、物资消毒间、中转料塔、饮水消毒罐、转猪台等）和软件条件（完善的生物防控体系，管理人员及员工建立的生物安全意识，强化内部生物安全，网格化产房、妊娠舍分线管理）等多方面的影响。从这个角度来看，任何旨在使工作流程有序化和监测免疫状况的管理措施都可以降低这一风险。

二、案例分析 2——频繁更换疫苗

（1）**发病信息**　该猪场存栏基础母猪 1800 头，主要对外提供体重 15kg 左右的商

品仔猪。2016 年 12 月 22 日开始使用 HuN4-F112 株活疫苗，PRRS 免疫程序由"每年 2、6、10 月第 1 周的种猪普免"更改为"母猪产后 14d，1 头份 / 头跟胎免疫"，在 6 个月内分别使用过 VR-2332、CH-R1、R98 株疫苗。

（2）临床症状与诊断　2017 年 1 月 4 日左右，发现妊娠舍母猪体表寄生虫较多，耳内侧有黑色污垢，临床经仔细观察确认母猪普遍在背腹部、耳尖有针尖状出血点，被毛杂乱、无光泽，部分母猪眼角分泌物增多，便秘母猪比例高达 30%，体温测量值在 39.0~39.7℃。2017 年 1 月 11 日、1 月 12 日妊娠舍 2、3、4、5 栋按照制定的免疫程序，普免了猪瘟疫苗、圆环病毒 2 型疫苗各 2 头份 / 头。随即病情加重，2017 年 1 月 13 日 4、5 栋妊娠母猪开始发生流产，母猪的流产主要集中在妊娠 80d 中后期阶段。从 2017 年 1 月 23 日分娩舍出现零星妊娠 105~107d 早产，产出不足月的活胎或死胎，活胎生命力较弱，基本上 2d 内就会死亡。正常产的死胎较多。母猪普遍体温升高，测量值达到 41℃，猪卧地不食。保育猪未表现出 PRRS 严重症状。临床初步判定疑似 PRRSV 感染。

样本采集：采集 4 份胎儿的 10 份血清样本。

检测结果：6 份血清样本呈弱阳性，1 份血清样本呈强阳性。通过扩增 Nsp2 基因上覆盖片段缺失的区域来区别经典毒株和变异毒株，发现该猪场 PRRSV 变异较大。对 ORF5 基因进行测序，发现该毒株是类 NADC30 毒株。

（3）生物安全防护失败原因分析　复盘该案例，发现是免疫策略的失败导致 PRRSV 在该场暴发。在 PRRSV 的防控过程中疫苗是压制 PRRS 最有效的手段，需要结合实验检测来持续追踪母猪群和仔猪的健康状况，根据猪场 PRRS 毒株的类型进行疫苗的选用和制定免疫计划，但往往因为执行者选用疫苗不对毒株，药不对症的治疗模式使病毒不断变异，不断变强。该场在免疫过程中未及时追踪猪场 PRRSV 毒株的类型，反而频繁更换疫苗，在 6 个月内分别使用过 PRRS HuN4-F112、VR-2332、CH-R1 和 R98 株疫苗，本以为能"广谱抗毒"，但这样做不仅没达到"广谱"的作用，反而影响了每种疫苗的免疫效果，让病毒有了可乘之机。因此在养殖过程中做到及时监测猪场内出现 PRRS，对典型病料做病毒分离，了解遗传进化关系，此外及时监测有无新毒株进入。对现有厂家疫苗做免疫效果评估，优化免疫程序，制定现有后备猪疫苗驯化方案。从这个角度看，没有正式的免疫程序，全凭"经验"，不能根据猪场毒株流行情况选择合适的疫苗进行免疫，都会大大增加猪感染 PRRS 的概率。

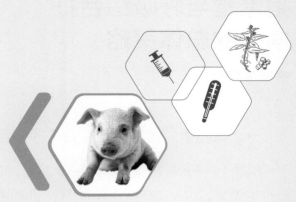

第七章
猪繁殖与呼吸综合征
净化与评估

第一节
猪繁殖与呼吸综合征
净化的总体策略

一、猪场猪繁殖与呼吸综合征净化目标及依据

依据《中华人民共和国动物防疫法》《农业农村部关于推进动物疫病净化工作的意见》（农牧发〔2021〕29 号）、《动物疫病净化场评估管理指南》和《动物疫病净化场评估技术规范》等开展 PRRS 控制和净化工作，目标是达到养殖场 PRRS 控制及净化标准。

二、猪场猪繁殖与呼吸综合征净化总体策略

按照"自愿申请、统一标准、科学评估、分级管理"的原则，以种猪场为核心，集成示范综合技术措施，通过示范创建、引导支持，以点带面、逐步推开，逐步建立 PRRS 净化的长效机制，努力实现从有效控制到净化消灭 PRRS。

1. 种猪场猪繁殖与呼吸综合征净化策略

完善种猪场生物安全体系建设，强化种猪场 PRRSV 的监测，制订定期净化效果评估和分析报告，在非免疫净化场及时淘汰抗体检测阳性猪，维持猪群非免疫 PRRSV 净化状态。在 PRRS 免疫净化种猪场要逐步减少活疫苗的使用，及时淘汰抗原检测阳性猪，维持猪群免疫无 PRRSV 抗原阳性状态，并逐步向非免疫 PRRS 净化种猪场过渡。

2. 种公猪站猪繁殖与呼吸综合征净化策略

完善种公猪站生物安全体系建设，制订种公猪站种公猪和后备种猪定期监测评估方案，及时淘汰检测阳性种公猪和后备种猪，维持种公猪站 PRRS 净化状态。

3. 规模化猪场猪繁殖与呼吸综合征净化策略

加强规模化猪场综合管理措施，提升规模化猪场生物安全水平，阻断新的毒株引入，降低病毒在猪场的循环扩散，并控制继发感染。在非免疫净化规模化猪场加大监测评估力度，及时淘汰抗体检测阳性猪，维持各类种群 PRRSV 抗体阴性状态。在免疫净化场科学合理使用疫苗，进而维持 PRRSV 抗原阴性状态。

第二节
猪繁殖与呼吸综合征
净化的标准

一、猪场猪繁殖与呼吸综合征检测依据及方法

PRRS 检测方法的选择可以依据《WOAH 陆生动物诊断试验与疫苗手册》第 3.9.6 章 "猪繁殖与呼吸综合征" 及中华人民共和国国家标准 GB/T 18090—2023《猪繁殖与呼吸综合征诊断方法》等。

二、净化标准

本指南猪场 PRRS 净化标准参考中国动物疫病预防控制中心制订的《动物疫病净化场评估技术规范》中不同猪场 PRRS 的净化标准。

1. 种猪场猪繁殖与呼吸综合征净化标准

（1）净化标准

1）同时满足以下要求，视为达到免疫净化标准。

① 生产母猪和后备种猪抽检，PRRS 免疫抗体阳性率为 90% 以上；种公猪抗体抽检均为阴性。

② 种公猪、生产母猪和后备种猪抽检，PRRS 病原学检测均为阴性。

③ 连续两年以上无临床病例。

④ 现场综合审查通过。

2）同时满足以下要求，视为达到非免疫净化标准。

① 种公猪、生产母猪、后备种猪抽检，PRRSV 抗体检测均为阴性。

② 停止免疫两年以上，无临床病例。

③ 现场综合审查通过。

（2）抽样检测方法　种猪场免疫净化评估实验室检测方法和非免疫净化评估实验室检测方法见表 7-2-1 和表 7-2-2。

表 7-2-1　种猪场免疫净化评估实验室检测方法

检测项目	检测方法	抽样种群	抽样数量	样本类型
抗体检测	ELISA	种公猪	生产公猪存栏 50 头以下，100% 采样；生产公猪存栏 50 头以上，按照证明无疫公式计算，该公式以 95% 的置信水平（CL=95%）和特定的概率（P=3%）为基础进行计算	血清
病原学检测	PCR	生产母猪、后备种猪	按照证明无疫公式计算，该公式以 95% 的置信水平（CL=95%）和特定的概率（P=3%）为基础进行计算；随机抽样，覆盖不同猪群	扁桃体
抗体检测	ELISA	生产母猪	按照预估期望值公式计算，该公式以 95% 的置信水平（CL=95%）、预期抗体合格率（P=90%）和可接受误差（e=10%）为基础进行计算	血清
		后备种猪	按照预估期望值公式计算，该公式以 95% 的置信水平（CL=95%）、预期抗体合格率（P=90%）和可接受误差（e=10%）为基础进行计算	血清

表 7-2-2　种猪场非免疫净化评估实验室检测方法

检测项目	检测方法	抽样种群	抽样数量	样本类型
抗体检测	ELISA	种公猪	生产公猪存栏 50 头以下，100% 采样；生产公猪存栏 50 头以上，按照证明无疫公式计算，该公式以 95% 的置信水平（CL=95%）和特定的概率（P=3%）为基础进行计算	血清
		生产母猪、后备种猪	按照证明无疫公式计算，该公式以 95% 的置信水平（CL=95%）和特定的概率（P=3%）为基础进行计算；随机抽样，覆盖不同猪群	血清

（3）现场综合评估　依据《动物疫病净化场评估技术规范》中种猪场现场综合审查评分标准，必备条件全部满足，总分不低于 90 分，且关键项（＊项）全部满分，为 PRRS 种猪场净化场现场综合审查通过。种猪场现场综合审查评分表见表 7-2-3，此表为中国动物疫病预防控制中心制订的《动物疫病净化场评估技术规范（2023 版）》中种猪场主要疫病净化场现场审查评分表。

表 7-2-3　种猪场现场综合审查评分表

类别	编号	具体内容及评分标准	关键项	分值	得分	合计
必备条件	Ⅰ	土地使用应符合相关法律法规与区域内土地使用规划，场址选择应符合《中华人民共和国畜牧法》和《中华人民共和国动物防疫法》有关规定	必备条件			
	Ⅱ	应具有县级以上畜牧兽医主管部门备案登记证明，并按照农业农村部《畜禽标识和养殖档案管理办法》要求，建立养殖档案				
	Ⅲ	应具有县级以上畜牧兽医主管部门颁发的"动物防疫条件合格证"，2 年内无重大疫病和产品质量安全事件发生记录				
	Ⅳ	种畜禽养殖企业应具有县级以上畜牧兽医主管部门颁发的"种畜禽生产经营许可证"				
	Ⅴ	应有病死动物和粪污无害化处理设施设备或有效措施				
	Ⅵ	种猪场生产母猪存栏 500 头以上（地方保种场除外）				
人员管理5分	1	应建立净化工作团队，并有名单和责任分工等证明材料，有员工管理制度		1		
	2	全面负责疫病防治工作的技术负责人应具有畜牧兽医相关专业本科以上学历或中级以上职称，从事养猪业 3 年以上		1		
	3	应有员工疫病防治培训制度和培训计划，有近 1 年的员工培训考核记录		1		
	4	从业人员应有健康证明		1		
	5	本场专职兽医技术人员至少 1 名获得"执业兽医师资格证书"，并有专职证明材料（如社保或工资发放证明等）		1		
结构布局8分	6	场区位置独立，与主要交通干道、居民生活区、生活饮用水源地、屠宰厂（场）、交易市场隔离距离要求见《动物防疫条件审查办法》		1		
	7	场区周围应有围墙、防风林、灌木、防疫沟或其他物理屏障等隔离设施或措施		1		
	8	养殖场应有防疫警示标语、警示标牌等防疫标志		1		
	9	种猪、生长猪等宜按照饲养阶段分别饲养在不同地点，每个地点相对独立且相隔一定距离		1		

（续）

类别	编号	具体内容及评分标准	关键项	分值	得分	合计
结构布局8分	10	办公区、生产区、生活区、粪污处理区和无害化处理区应严格分开，界限分明；生产区距离其他功能区50m以上或通过物理屏障有效隔离；场内出猪台与生产区应相距50m以上或通过物理屏障有效隔离		1		
	11	场内净道与污道应分开，如存在部分交叉，应有规定使用时间和科学有效的消毒措施等		1		
	12	应在距离养殖场合适的位置设置独立的、符合生物安全要求的出猪中转站及内部专用转运车辆		2		
栏舍设置6分	13	应有独立的引种隔离舍		2		
	14	可设预售种猪观察舍		1		
	15	每栋猪舍均应有自动饮水系统，保育舍应有可控的饮水加药系统		1		
	16	猪舍通风、换气和温控等设施应运转良好		1		
	17	应有称重装置、装（卸）平台等设施		1		
卫生环保8分	18	场区应无垃圾及杂物堆放		1		
	19	场区实行雨污分流，符合NY/T 682—2023的要求		1		
	20	生产区具备有效的预防鼠、虫媒、犬、猫、鸟进入的设施或措施		2		
	21	场区禁养其他动物，并应有防止周围其他动物进入场区的设施或措施		1		
	22	应有固定的猪粪贮存、堆放设施设备和场所，存放地点有防雨、防渗漏、防溢流措施		1		
	23	水质检测应符合人畜饮水卫生标准		1		
	24	应具有县级以上环保行政主管部门的环评验收报告或许可		1		
无害化处理8分	25	应有粪污无害化处理制度，场区内应有与生产规模相匹配的粪污处理设施设备，宜采用堆肥发酵方式对粪污进行无害化处理，处理结果应符合NY/T 1168—2006的要求		2		
	26	应有病死猪无害化处理制度，无害化处理措施见《病死及病害动物无害化处理技术规范》		1		

（续）

类别	编号	具体内容及评分标准	关键项	分值	得分	合计
无害化处理8分	27	栏舍内病死猪的收集、包裹、运输、储存、交接等过程符合生物安全要求		1		
	28	病死猪无害化处理设施或措施运转应有效并符合生物安全要求		2		
	29	应有病死猪淘汰、诊疗、无害化处理等相关记录		2		
消毒管理12分	30	在场区外设置独立的入场车辆洗消中心/站，洗消中心/站的设置、布局、建设、运行管理等应符合生物安全要求		2		
	31	场区入口应设置车辆消毒池、覆盖全车的消毒设施以及人员消毒设施		1		
	32	有车辆及人员出入场区消毒及管理制度和岗位操作规程，并对车辆及人员出入和消毒情况进行记录		1		
	33	生产区入口应设置人员消毒、淋浴、更衣设施，消毒、淋浴、更衣室布局科学合理		2		
	34	应有本场职工、外来人员进入生产区消毒及管理制度，有出入登记制度，对人员出入和消毒情况进行记录		2		
	35	每栋猪舍入口应设置消毒设施，人员有效消毒后方可进入猪舍		1		
	36	栋舍、生产区内部有定期消毒措施，有消毒制度和岗位操作规程，对栋舍、生产区内部消毒情况进行记录		1		
	37	应有消毒液配制和管理制度，有消毒液配制及更换记录		1		
	38	应开展消毒效果评估，并有近1年评估记录		1		
生产管理9分	39	产房、保育舍和生长舍应实现猪群全进全出		1		
	40	应制定投入品（含饲料、兽药、生物制品）使用管理制度，应有投入品使用记录		2		
	41	应将投入品分类分开储藏，标识清晰		1		
	42	应有配种、妊检、产仔、哺育、保育与生长等生产记录		1		
	43	应有健康巡查制度及记录		1		
	44	根据当年生产报表，母猪配种分娩率（分娩母猪/同期配种母猪）应在80%（含）以上		1		
	45	各类种群成活率应在90%以上		2		

（续）

类别	编号	具体内容及评分标准	关键项	分值	得分	合计
防疫管理12分	46	应建立适合本场的卫生防疫制度和针对特定动物疫病、符合本场实际的突发传染病应急预案		3		
	47	应有独立兽医室，兽医室具备正常开展临床诊疗、采样、高压灭菌、消毒等设施，有兽医诊疗与用药记录		3		
	48	应有动物发病记录、阶段性疫病流行记录和符合本场实际并具有防控指导意义的定期猪群健康状态分析总结		3		
	49	应有免疫制度、计划、程序和记录		3		
种源管理12分	50	应有引种管理制度和引种记录		2		
	51	应有引种隔离管理制度和引种隔离观察记录		1		
	52	国内引种应来源于有"种畜禽生产经营许可证"的种猪场；外购精液应有"动物检疫合格证明"；国外引进种猪、精液应有国务院农业农村或畜牧兽医行政主管部门签发的审批意见及海关相关部门出具的检测报告		1		
	53	引种种猪应具有种畜禽合格证、动物检疫合格证明、种猪系谱证		1		
	54	引入种猪入场前、外购供体/精液使用前、本场供体/精液使用前有非洲猪瘟病原检测报告且结果为阴性		1		
	55	引入种猪入场前、外购供体/精液使用前、本场供体/精液使用前应有猪口蹄疫、猪伪狂犬病、猪瘟、猪繁殖与呼吸综合征病原或感染抗体检测报告且结果为阴性	*	4		
	56	本场销售种猪或精液应有非洲猪瘟、猪口蹄疫、猪伪狂犬病、猪瘟、猪繁殖与呼吸综合征抽检记录，并附具"动物检疫合格证明"		1		
	57	应有近3年完整的种猪销售记录		1		
监测净化11分	58	应有符合本场实际且科学合理的非洲猪瘟、猪口蹄疫、猪伪狂犬病、猪瘟、猪繁殖与呼吸综合征年度（或更短周期）等监测净化方案、检测报告和记录	*	4		
	59	应根据监测净化方案开展疫病净化，检测、淘汰记录能追溯到种猪及后备猪群的唯一性标识（如耳标号）	*	2		

（续）

类别	编号	具体内容及评分标准	关键项	分值	得分	合计
监测净化11分	60	应有 3 年以上的净化工作实施记录，记录保存 3 年以上	*	2		
	61	应有定期净化效果评估和分析报告（生产性能、发病率、病死率、阳性率、用药投入、提高的直接经济效益等）		2		
	62	实际检测数量与应检测数量基本一致，检测试剂购置数量或委托检测凭证与检测量相符		1		
场群健康9分		应具有近 1 年内有资质的兽医实验室检验检测报告（每次抽检数不少于 30 头）并且结果符合：				
	63	猪伪狂犬病净化场：符合净化标准；其他病种净化场：种猪群或后备猪群猪伪狂犬病免疫抗体阳性率 ≥ 80%，病原或感染抗体阳性率 ≤ 10%	*	1/5#		
	64	猪瘟净化场：符合净化标准；其他病种净化场：种猪群或后备猪群猪瘟免疫抗体阳性率 ≥ 80%，近 2 年内无猪瘟临床病例	*	1/5#		
	65	猪繁殖与呼吸综合征净化场：符合净化标准；其他病种净化场：近 2 年内无猪繁殖与呼吸综合征临床病例	*	1/5#		
	66	口蹄疫净化场：符合净化标准；其他病种净化场：口蹄疫免疫抗体阳性率 ≥ 70%，病原或感染抗体阳性率 ≤ 10%，近 2 年内无口蹄疫临床病例	*	1/5#		
	67	非洲猪瘟净化场：符合净化标准；其他病种净化场：近 2 年内无非洲猪瘟临床病例	*	1/5#		
总分				100		

\# 申报评估的病种该项分值为 5 分，其余病种为 1 分。

2. 种公猪站场猪繁殖与呼吸综合征净化标准

（1）**净化标准**　满足以下要求，视为达到净化标准。

1）采精公猪、后备种猪抽检，PRRSV 抗体阴性。

2）停止免疫 2 年以上，无临床病例。

3）现场综合审查通过。

（2）**抽样检测方法**　种公猪站净化评估实验室检测方法见表 7-2-4。

表 7-2-4　种公猪站净化评估实验室检测方法

检测项目	检测方法	抽样种群	抽样数量	样本类型
抗体检测	ELISA	种公猪	采精公猪存栏 200 头以下，100% 采样；存栏 200 头以上，按照证明无疫公式计算，该公式以 95% 的置信水平（CL=95%）和特定的概率（P=3%）为基础进行计算，每次采样量不低于理论抽样数量，每个群体 ≥ 50 份 / 次；随机抽样，覆盖不同猪群	血清
		后备种猪	100% 抽样	血清

（3）现场综合评估　依据《动物疫病净化场评估技术规范》中种公猪站现场综合审查评分标准，必备条件全部满足，总分不低于 90 分，且关键项（＊项）全部满分，为 PRRS 种公猪站净化场现场综合审查通过。种公猪站现场综合审查评分表见表 7-2-5，此表为中国动物疫病预防控制中心制订的《动物疫病净化场评估技术规范（2023 版）》中种公猪站主要疫病净化场现场审查评分表。

表 7-2-5　种公猪站现场综合审查评分表

类别	编号	具体内容及评分标准	关键项	分值	得分	合计
必备条件	Ⅰ	土地使用应符合相关法律法规与区域内土地使用规划，场址选择应符合《中华人民共和国畜牧法》和《中华人民共和国动物防疫法》有关规定		必备条件		
	Ⅱ	具有县级以上畜牧兽医行政主管部门备案登记证明，并按照农业农村部《畜禽标识和养殖档案管理办法》要求，建立养殖档案				
	Ⅲ	应具有县级以上畜牧兽医行政主管部门颁发的"动物防疫条件合格证"，2 年内无重大疫病发生记录				
	Ⅳ	应具有畜牧兽医行政主管部门颁发的"种畜禽生产经营许可证"				
	Ⅴ	应有病死动物和粪污无害化处理设施或措施				
	Ⅵ	存栏采精公猪不少于 30 头				
人员管理 6分	1	应建立净化工作团队，并有名单和责任分工等证明材料，有员工管理制度		1		
	2	有专职的精液分装检验人员		1		
	3	技术人员应经过专业培训并取得相关证明		1		

（续）

类别	编号	具体内容及评分标准	关键项	分值	得分	合计
人员管理6分	4	应有员工疫病防治培训制度和培训计划，有近1年的员工培训考核记录		1		
	5	从业人员应有健康证明		1		
	6	本站专职兽医技术人员至少1名获得"执业兽医师资格证书"，并有专职证明材料（如社保或工资发放证明等）		1		
结构布局8分	7	站区位置独立，与主要交通干道、居民生活区、生活饮用水源地、屠宰厂（场）、交易市场隔离距离要求见《动物防疫条件审查办法》		1		
	8	站区周围应有围墙、防风林、灌木、防疫沟或其他物理屏障等隔离设施或措施		1		
	9	种公猪站应有防疫警示标语、警示标牌等防疫标志		1		
	10	办公区、生产区、生活区、粪污处理区和无害化处理区应严格分开，界限分明；生产区距离其他功能区50m以上或通过物理屏障有效隔离		2		
	11	应有独立的采精室、精液制备室和精液销售区，且功能室布局合理		2		
	12	站内净道与污道应分开，如存在部分交叉，应有规定使用时间和科学有效的消毒措施等		1		
栏舍设置6分	13	应有独立的引种隔离舍或后备培育舍		1		
	14	猪舍通风、换气和温控等设施设备应运转良好，宜有独立高效空气过滤系统		1		
	15	采精室和精液制备室应有效隔离，分别有独立的淋浴、更衣室		1		
	16	采精室、精液制备室、精液质量检测室应有控温、通风换气和消毒设备，且运转良好		1.5		
	17	精液制备室、精液质量检测室洁净级别应达到万级，精液分装区域洁净级别应达到百级		1.5		
卫生环保8分	18	站区应无垃圾及杂物堆放		1		
	19	站区实行雨污分流，符合NY/T 682—2023的要求		1		
	20	应有固定的猪粪贮存、堆放场所和设施设备，存放地点有防雨、防渗漏、防溢流措施		1		

（续）

类别	编号	具体内容及评分标准	关键项	分值	得分	合计
卫生环保8分	21	站区禁养其他动物，并应有防止周围其他动物进入场区的设施或措施		1		
	22	生产区应具备有效的预防鼠、虫媒、犬、猫、鸟进入的设施或措施		2		
	23	水质检测应符合人畜饮水卫生标准		1		
	24	应具有县级以上环保行政主管部门的环评验收报告或许可		1		
无害化处理8分	25	应有粪污无害化处理制度，站区内应有与生产规模相匹配的粪污处理设施设备，宜采用堆肥发酵方式对粪污进行无害化处理，处理结果应符合 NY/T 1168—2006 的要求		3		
	26	应有病死猪无害化处理制度，无害化处理措施见《病死及病害动物无害化处理技术规范》		2		
	27	病死猪无害化处理设施或措施应运转有效并符合生物安全要求		1		
	28	有病死猪淘汰、诊疗、无害化处理等相关记录		2		
消毒管理12分	29	在场区外设置独立的入场车辆洗消中心/站，洗消中心/站的设置、布局、建设、运行管理等应符合生物安全要求		1		
	30	站区入口应设置车辆消毒池、覆盖全车的消毒设施以及人员消毒设施		1		
	31	有车辆及人员出入场区消毒及管理制度和岗位操作规程，并对车辆及人员出入和消毒情况进行记录		1		
	32	设立人员进场前一、二、三级洗消隔离点，可对入场人员进行消毒、洗浴及必要的病原微生物检测		1		
	33	生活区、生产区入口应设置人员消毒、淋浴、更衣设施，消毒、淋浴、更衣室布局科学合理		1		
	34	应有本场职工、外来人员进入生产区消毒及管理制度，有出入登记制度，对人员出入和消毒情况进行记录		1		
	35	每栋猪舍入口应设置消毒设施，人员有效消毒后方可进入猪舍		1		
	36	生产区内部有定期消毒措施，有消毒制度和岗位操作规程，对生产区内部消毒情况进行记录		1		

（续）

类别	编号	具体内容及评分标准	关键项	分值	得分	合计
消毒管理12分	37	精液采集、传递、配制、储存等各生产环节应符合生物安全要求，并按照操作规程执行		1		
	38	采精及各功能室及生产用器具应定期消毒，记录完整		1		
	39	应有消毒液配制和管理制度，有消毒液配制及更换记录		1		
	40	应开展消毒效果评估，并有近1年评估记录		1		
生产管理9分	41	应制定投入品（含饲料、兽药、生物制品）使用管理制度，应有投入品使用记录		2		
	42	应将投入品分类分开储藏，标识清晰		1		
	43	应有本场专用的饲料厂或定期专用的饲料生产线，应使用采用高温制粒工艺生产的饲料，有本场专用的封闭饲料运输车辆及司机，并根据风险评估制定专门运输路线		1		
	44	应有种公猪精液生产技术、精液质量检测技术、饲养管理技术规程并遵照执行，档案记录完整		2		
	45	采精和精液分装应由不同的工作人员完成		1		
	46	应有日常健康巡查制度及记录		2		
防疫管理12分	47	应建立适合本场的卫生防疫制度和针对特定动物疫病、符合本场实际的突发传染病应急预案		3		
	48	应有独立兽医室，兽医室具备正常开展临床诊疗、采样、高压灭菌、消毒等设施，有兽医诊疗与用药记录		2		
	49	应有动物发病记录、阶段性疫病流行记录和符合本场实际并具有防控指导意义的定期猪群健康状态分析总结		2		
	50	应有病死猪死亡原因分析		3		
	51	应有免疫制度、计划、程序和记录		2		
种源管理12分	52	应有引种管理制度和引种记录		1		
	53	应有引种隔离管理制度和引种隔离观察记录		1		
	54	国内引种应来源于有"种畜禽生产经营许可证"的种猪场；国外引进种猪、精液应有国务院农业农村或畜牧兽医行政主管部门签发的审批意见及海关相关部门出具的检测报告		1		
	55	引种种猪应具有种畜禽合格证、动物检疫合格证明、种猪系谱证		1		

（续）

类别	编号	具体内容及评分标准	关键项	分值	得分	合计
种源管理12分	56	引入种猪入场前应有非洲猪瘟、猪口蹄疫、猪伪狂犬病、猪瘟、猪繁殖与呼吸综合征病原或感染抗体检测报告且结果为阴性	*	5		
	57	应有 3 年以上的精液销售、使用记录		1		
	58	本场销售精液应有非洲猪瘟、猪口蹄疫、猪伪狂犬病、猪瘟、猪繁殖与呼吸综合征抽检记录		2		
监测净化10分	59	应有符合本场实际且科学合理的非洲猪瘟、猪口蹄疫、猪伪狂犬病、猪瘟、猪繁殖与呼吸综合征等年度（或更短周期）监测净化方案、检测报告和记录	*	5		
	60	应根据监测净化方案开展疫病净化，检测、淘汰记录能追溯到种公猪个体的唯一性标识（如耳标号）	*	3		
	61	应有检测试剂购置、委托检验凭证或其他与检验报告相符的证明材料，实际检测数量与应检测数量基本一致		2		
场群健康9分		应具有近 3 年内有资质的兽医实验室检验检测报告（每次抽检数不少于 30 头）并且结果符合：				
	62	猪伪狂犬病净化场：符合净化标准；其他病种净化场：种猪群或后备猪群猪伪狂犬病免疫抗体阳性率≥ 80%，病原或感染抗体阳性率≤ 10%，近 2 年内无猪伪狂犬病临床病例	*	1/5#		
	63	猪瘟净化场：符合净化标准；其他病种净化场：种猪群或后备猪群猪瘟免疫抗体阳性率≥ 80%，近 2 年内无猪瘟临床病例	*	1/5#		
	64	猪繁殖与呼吸综合征净化场：符合净化标准；其他病种净化场：近 2 年内猪繁殖与呼吸综合征无临床病例，近 2 年内无猪繁殖与呼吸综合征临床病例	*	1/5#		
	65	口蹄疫净化场：符合净化标准；其他病种净化场：口蹄疫免疫抗体阳性率≥ 70%，病原或感染抗体阳性率≤ 10%，近 2 年内无口蹄疫临床病例	*	1/5#		
	66	非洲猪瘟净化场：符合净化标准；其他病种净化场：近 2 年内无非洲猪瘟临床病例	*	1/5#		
总分				100		

\# 申报评估的病种该项分值为 5 分，其余病种为 1 分。

3. 规模化猪场猪繁殖与呼吸综合征净化标准

（1）净化标准

1）同时满足以下要求，视为达到免疫净化标准。

① 各类种群抽检，PRRS 免疫抗体阳性率为 80% 以上。

② 各类种群抽检，PRRS 病原学检测均为阴性。

③ 连续 2 年以上无临床病例。

④ 现场综合审查通过。

2）同时满足以下要求，视为达到非免疫净化标准。

① 各类种群抽检，PRRSV 抗体检测均为阴性。

② 停止免疫 2 年以上，无临床病例。

③ 现场综合审查通过。

（2）抽样检测方法　规模化猪场免疫净化评估实验室检测方法和非免疫净化评估实验室检测方法见表 7-2-6 和表 7-2-7。

表 7-2-6　规模化猪场免疫净化评估实验室检测方法

检测项目	检测方法	抽样种群	抽样数量	样本类型
病原学检测	PCR	各类种群	按照证明无疫公式计算，该公式以 95% 的置信水平（CL=95%）和特定的概率（P=3%）为基础进行计算，每次采样量不低于理论抽样数量，每个群体 ≥ 50 份 / 次；随机抽样，覆盖不同猪群	扁桃体
抗体检测	ELISA	各类种群	按照预估期望值公式计算，该公式以 95% 的置信水平（CL=95%）、预期抗体合格率（P=80%）和可接受误差（e=10%）为基础进行计算；随机抽样，覆盖不同猪群	血清

表 7-2-7　规模化猪场非免疫净化评估实验室检测方法

检测项目	检测方法	抽样种群	抽样数量	样本类型
抗体检测	ELISA	各类种群	按照证明无疫公式计算，该公式以 95% 的置信水平（CL=95%）和特定的概率（P=3%）为基础进行计算；随机抽样，覆盖不同猪群	血清

（3）现场综合评估　依据《动物疫病净化场评估技术规范》中规模化猪场现场综合审查评分标准，必备条件全部满足，总分不低于90分，且关键项（＊项）全部满分，为PRRS规模化猪场净化场现场综合审查通过。规模化猪场现场综合审查评分表见表7-2-8，此表为中国动物疫病预防控制中心制订的《动物疫病净化场评估技术规范（2023版）》中规模化猪场主要疫病净化场现场审查评分表。

表 7-2-8　规模化猪场现场综合审查评分表

类别	编号	具体内容及评分标准	关键项	分值	得分	合计
必备条件	Ⅰ	土地使用应符合相关法律法规与区域内土地使用规划，场址选择应符合《中华人民共和国畜牧法》和《中华人民共和国动物防疫法》有关规定	必备条件			
	Ⅱ	应具有县级以上畜牧兽医主管部门备案登记证明，并按照农业农村部《畜禽标识和养殖档案管理办法》要求，建立养殖档案				
	Ⅲ	应具有县级以上畜牧兽医主管部门颁发的"动物防疫条件合格证"，2年内无重大疫病和产品质量安全事件发生记录				
	Ⅳ	应有病死动物和粪污无害化处理设施设备或有效措施				
	Ⅴ	年出栏商品肉猪5000头以上且生产母猪存栏200头以上				
人员管理5分	1	应建立净化工作团队，并有名单和责任分工等证明材料，有员工管理制度		1		
	2	全面负责疫病防治工作的技术负责人应具有畜牧兽医相关专业本科以上学历或中级以上职称，从事养猪业3年以上		1		
	3	应有员工疫病防治培训制度和培训计划，有近1年的员工培训考核记录		1		
	4	从业人员应有健康证明		1		
	5	本场专职兽医技术人员至少1名获得"执业兽医师资格证书"，并有专职证明材料（如社保或工资发放证明等）		1		
结构布局8分	6	场区位置独立，与主要交通干道、居民生活区、生活饮用水源地、屠宰厂（场）、交易市场隔离距离要求见《动物防疫条件审查办法》		1		
	7	场区周围应有围墙、防风林、灌木、防疫沟或其他物理屏障等隔离设施或措施		1		

（续）

类别	编号	具体内容及评分标准	关键项	分值	得分	合计
结构布局8分	8	养殖场应有防疫警示标语、警示标牌等防疫标志		1		
	9	保育猪、生长猪、育肥猪等宜按照饲养阶段分别饲养在不同地点，每个地点相对独立且相隔一定距离		2		
	10	办公区、生产区、生活区、粪污处理区和无害化处理区应严格分开，界限分明；生产区距离其他功能区50m以上或通过物理屏障有效隔离；场内出猪台与生产区应相距50m以上或通过物理屏障有效隔离		1		
	11	场内净道与污道应分开，如存在部分交叉，应有规定使用时间和科学有效的消毒措施等		1		
	12	应在距离养殖场合适的位置设置独立的、符合生物安全要求的出猪中转站及内部专用转运车辆		1		
栏舍设置6分	13	应有独立的引种隔离舍		2		
	14	每栋猪舍均应有自动饮水系统，保育舍应有可控的饮水加药系统		1		
	15	猪舍通风、换气和温控等设施应运转良好		2		
	16	应有称重装置、装（卸）平台等设施		1		
卫生环保8分	17	场区应无垃圾及杂物堆放		1		
	18	场区实行雨污分流，符合NY/T 682—2023的要求		1		
	19	生产区具备有效的预防鼠、虫媒、犬、猫、鸟进入的设施或措施		2		
	20	场区禁养其他动物，并应有防止周围其他动物进入场区的设施或措施		1		
	21	应有固定的猪粪贮存、堆放设施设备和场所，存放地点有防雨、防渗漏、防溢流措施		1		
	22	水质检测应符合人畜饮水卫生标准		1		
	23	应具有县级以上环保行政主管部门的环评验收报告或许可		1		
无害化处理8分	24	应有粪污无害化处理制度，场区内应有与生产规模相匹配的粪污处理设施设备，宜采用堆肥发酵方式对粪污进行无害化处理，处理结果应符合NY/T 1168—2006的要求		2		
	25	应有病死猪无害化处理制度，无害化处理措施见《病死及病害动物无害化处理技术规范》		1		

（续）

类别	编号	具体内容及评分标准	关键项	分值	得分	合计
无害化处理8分	26	栏舍内病死猪的收集、包裹、运输、储存、交接等过程符合生物安全要求		1		
	27	病死猪无害化处理设施或措施运转应有效并符合生物安全要求		2		
	28	应有病死猪隔离、淘汰、诊疗、无害化处理等相关记录		2		
消毒管理12分	29	在场区外设置独立的入场车辆洗消中心/站，洗消中心/站的设置、布局、建设、运行管理等应符合生物安全要求		1		
	30	场区入口应设置车辆消毒池、覆盖全车的消毒设施以及人员消毒设施		2		
	31	有车辆及人员出入场区消毒及管理制度和岗位操作规程，并对车辆及人员出入和消毒情况进行记录		1		
	32	生产区入口应设置人员消毒、淋浴、更衣设施，消毒、淋浴、更衣室布局科学合理		1		
	33	应有本场职工、外来人员进入生产区消毒及管理制度，有出入登记制度，对人员出入和消毒情况进行记录		2		
	34	每栋猪舍入口应设置消毒设施，人员有效消毒后方可进入猪舍		1		
	35	栋舍、生产区内部有定期消毒措施，有消毒制度和岗位操作规程，对栋舍、生产区内部消毒情况进行记录		1		
	36	应有消毒液配制和管理制度，有消毒液配制及更换记录		2		
	37	应开展消毒效果评估，并有近1年评估记录		1		
生产管理8分	38	产房、保育舍和生长舍应实现猪群全进全出		2		
	39	应制定投入品（含饲料、兽药、生物制品）使用管理制度，应有投入品使用记录		1		
	40	应将投入品分类分开储藏，标识清晰		2		
	41	应有配种、妊检、产仔、哺育、保育与生长等生产记录		1		
	42	应有健康巡查制度及记录		2		
防疫管理12分	43	应建立适合本场的卫生防疫制度和针对特定动物疫病、符合本场实际的突发传染病应急预案		3		
	44	应有独立兽医室，兽医室具备正常开展临床诊疗、采样、高压灭菌、消毒等设施，有兽医诊疗与用药记录		3		

（续）

类别	编号	具体内容及评分标准	关键项	分值	得分	合计
防疫管理12分	45	应有动物发病记录、阶段性疫病流行记录或定期猪群健康状态分析总结		3		
	46	应有免疫制度、计划、程序和记录		3		
调入管理12分	47	如需调入商品代肉猪，应来自相同净化病种的国家级/省级动物疫病净化场	*	3		
	48	应有调入和隔离管理制度、调入和隔离观察记录		1		
	49	国内调入种猪、精液应来源于有"种畜禽生产经营许可证"的种猪场；外购精液应有"动物检疫合格证明"；国外调入种猪、精液应有国务院农业农村或畜牧兽医行政主管部门签发的审批意见及海关相关部门出具的检测报告		1		
	50	调入种猪应具有动物检疫合格证和种畜禽合格证		1		
	51	调入种猪入场前、外购供体/精液使用前、本场供体/精液使用前有非洲猪瘟病原检测报告且结果为阴性		2		
	52	调入种猪入场前、外购供体/精液使用前、本场供体/精液使用前应有猪口蹄疫、猪伪狂犬病、猪瘟、猪繁殖与呼吸综合征病原或感染抗体检测报告且结果为阴性	*	2		
	53	本场销售商品肉猪应有非洲猪瘟、猪口蹄疫、猪伪狂犬病、猪瘟、猪繁殖与呼吸综合征抽检记录，并附具"动物检疫合格证明"		1		
	54	应有近2年完整的商品猪/淘汰种猪销售记录		1		
监测净化12分	55	应有符合本场实际且科学合理的非洲猪瘟、猪口蹄疫、猪伪狂犬病、猪瘟、猪繁殖与呼吸综合征等年度（或更短周期）监测净化方案、检测报告和记录	*	4		
	56	应根据监测净化方案开展疫病净化，检测、淘汰记录能追溯到猪群的唯一性标识（如耳标号）	*	2		
	57	应有2年以上的净化工作实施记录，记录保存2年以上	*	2		
	58	应有定期净化效果评估和分析报告（生产性能、发病率、病死率、阳性率、用药投入、提高的直接经济效益等）		2		
	59	实际检测数量与应检测数量基本一致，检测试剂购置数量或委托检测凭证与检测量相符		2		

（续）

类别	编号	具体内容及评分标准	关键项	分值	得分	合计
场群健康 9 分		应具有近 1 年内有资质的兽医实验室检验检测报告（每次抽检数不少于 30 头）并且结果符合：				
	60	猪伪狂犬病净化场：符合净化标准；其他病种净化场：近 2 年内无猪伪狂犬病临床病例	*	1/5#		
	61	猪瘟净化场：符合净化标准；其他病种净化场：近 2 年内无猪瘟临床病例	*	1/5#		
	62	猪繁殖与呼吸综合征净化场：符合净化标准；其他病种净化场：近 2 年内无猪繁殖与呼吸综合征临床病例	*	1/5#		
	63	口蹄疫净化场：符合净化标准；其他病种净化场：口蹄疫免疫抗体阳性率 ≥ 80%，近 2 年内无口蹄疫临床病例	*	1/5#		
	64	非洲猪瘟净化场：符合净化标准；其他病种净化场：近 2 年内无非洲猪瘟临床病例	*	1/5#		
总分				100		

\# 申报评估的病种该项分值为 5 分，其余病种为 1 分。

第三节
猪繁殖与呼吸综合征
净化评估验收流程

一、申报条件

国家级 PRRS 净化场申报条件是：有两年以上动物疫病净化工作经验、符合《动物疫病净化场评估技术规范》必备条件和现场综合审查要求的省级动物疫病净化场，自愿提出申请，由省级动物疫病预防控制中心评估后，统一进行推荐申报。

二、组织申报

国家级 PRRS 净化场评估由中国动物疫病预防控制中心统一组织实施，申报单位在接到国家级动物疫病净化场申报通知后，以省为单位，首先登录中国兽医网（网址 https://www.cadc.net.cn）"兽医卫生综合信息平台"，进入"全国动物疫病净化信息系统"完成电子填报工作。然后再以省为单位，填写《国家级动物疫病净化场申报书》（申报书模板见《动物疫病净化场评估管理指南》）和国家级动物疫病净化场推荐汇总表（表 7-3-1），填写合格后，一式两份，分别寄送农业农村部畜牧兽医局和中国动物疫病预防控制中心进行审核。

三、材料初审

中国动物疫病预防控制中心配合农业农村部畜牧兽医局，组织评估专家对各地报送的申报材料进行初审，必要时开展现场调研，确定拟评估的国家级净化场名单。

四、净化场评估

中国动物疫病预防控制中心组织评估专家组对通过初审的养殖场开展材料评估或现场评估，现场评估比例不低于通过初审的养殖场总数的 30%。现场评估专家组由 3~5 名评估专家组成，负责现场审查、现场抽样、采样监督和实验室检测结果的确认。养殖场所在地的各级动物疫病预防控制机构负责协助完成各项工作。样本检测由中国动物疫病预防控制中心指定实验室完成。

五、报送评估结果

中国动物疫病预防控制中心根据评估专家组意见，对评估结果进行汇总和复核，并向农业农村部上报最终评估结果。

六、国家级 PRRS 净化场公布

农业农村部根据评估结果，对符合国家级 PRRS 净化场进行公布。

表 7-3-1 国家级动物疫病净化场推荐汇总表

序号	养殖场名称	养殖场地址和坐标（度°分'秒"）	养殖场类型	是否为国家核心育种场（类型及时间）	省级净化场类型及编号	省级净化场现场审查分数	省级评估实验室检测时间	省级评估实验室检测机构	申报评估类型
1									
2									
3									
4									
5									
6									
7									
……									

推荐单位（加盖公章）：

日期：

附　录

附录 A
农业农村部关于推进动物疫病净化工作的意见

（农牧发〔2021〕29 号）

各省、自治区、直辖市及计划单列市农业农村（农牧）、畜牧兽医厅（局、委），新疆生产建设兵团农业农村局，农业农村部直属有关事业单位：

为贯彻落实《中华人民共和国动物防疫法》（以下简称《动物防疫法》）有关要求，推进动物疫病净化工作，不断提高养殖环节生物安全管理水平，促进畜牧业高质量发展，现提出以下意见。

一、重要意义

实施动物疫病净化消灭，是动物疫病防控的重要路径，也是动物疫病防控的最终目标。我国是畜牧业大国，动物疫病病种多、病原复杂、流行范围广、防控难度大，特别是非洲猪瘟传入我国后，传统的防控手段和措施受到了前所未有的挑战。2021 年 5 月 1 日修订施行的《动物防疫法》，明确将"净化消灭"纳入动物防疫的方针和要求。当前和今后一段时期，开展动物疫病净化，是深入贯彻落实《动物防疫法》，强化养殖场生物安全管理，推进动物防疫工作转型升级的重要举措；是减少环境病原和死淘畜禽量，降低资源消耗和兽药使用量，促进畜牧业高质量发展的必然要求；是提高畜禽生产性能和产品质量，促进产业提质增效和农牧民增产增收，助力乡村振兴战略实施的重要抓手。

二、总体要求

（一）指导思想

以习近平新时代中国特色社会主义思想为指导，完整、准确、全面理解和贯彻新

119

发展理念，在全国范围内深入开展动物疫病净化，以种畜禽场为核心，以垂直传播性动物疫病、人畜共患病和重大动物疫病为重点，集成示范综合技术措施，建立健全净化管理体制机制，通过示范创建、引导支持，以点带面、逐步推开，不断提高养殖环节生物安全管理水平，促进动物防疫由重点控制向全面净化转变，推进畜禽种业振兴和畜牧业高质量发展。

（二）主要目标

力争通过 5 年时间，在全国建成一批高水平的动物疫病净化场，80% 的国家畜禽核心育种场（站、基地）通过省级或国家级动物疫病净化场评估；建立动物疫病净化场分级评估管理制度，构建多种疫病净化模式，健全多方合作、协同推进的动物疫病净化机制；猪伪狂犬病、猪瘟、猪繁殖与呼吸综合征、禽白血病、禽沙门氏菌病等垂直传播性动物疫病，布鲁氏菌病、牛结核病等人畜共患病，以及非洲猪瘟、高致病性禽流感、口蹄疫等重大动物疫病净化工作取得明显成效。

（三）基本原则

——坚持企业主体，政府支持。以市场为导向，调动发挥养殖场户和企业主体作用，加大政策配套支持力度，发挥政府引导保障作用。

——坚持因地制宜，分类施策。采取"一地一策略、一病一做法、一场一方案"的方式，合理选择净化病种和范围，实施分类净化。

——坚持点面结合，整体推进。以养殖场为基本单元开展动物疫病净化，鼓励具备条件的地区和企业组织开展连片净化，以点带面，逐步推开。

三、主要任务

（一）明确净化范围。以种畜禽场为重点，扎实开展猪伪狂犬病、猪瘟、猪繁殖与呼吸综合征、禽白血病、禽沙门氏菌病等垂直传播性疫病净化，从源头提高畜禽健康安全水平。以种畜场、奶畜场和规模养殖场为对象，稳步推进布鲁氏菌病、牛结核病等人畜共患病净化，实现人病兽防、源头防控。以种畜禽场和规模养殖场为切入点，探索进行非洲猪瘟、高致病性禽流感、口蹄疫等重大动物疫病净化。

（二）集成净化技术。开展动物疫病净化关键技术集成和应用，推广免疫、监测、检疫、隔离、消毒、淘汰、扑杀、无害化处理等净化综合技术措施。完善重点疫病净化技术标准和规范，建立健全适用于不同场区、不同病种和不同阶段的净化技术方案。推进重点疫病净化关键技术攻关，强化新型疫苗和诊断技术研发，建立完善检测方法和诊断试剂筛选评价规范。

（三）**完善净化模式。**结合地域特征、养殖情况、疫病特点及流行状况，优先选择有自然或人工屏障优势以及工作基础较好的地区和养殖场户开展净化，通过净化一种或多种疫病提升区域动物疫病综合防控水平。探索构建点、线、面相结合的动物疫病净化组织形式，推广垂直净化和水平净化、免疫净化和非免疫净化、单病种净化和多病种协同净化等多种净化模式，培育一批先进典型净化场，打造一批动物疫病净化品牌。

（四）**做好净化指导。**各级动物疫病预防控制机构要做好动物疫病净化技术指导和培训。支持各类兽医技术服务单位、动物疫病诊断检测机构、兽药生产经营企业等延伸服务内容，提供动物疫病净化相关的免疫、监测、消毒、无害化处理等社会化服务。通过多种媒体载体渠道，大力宣传动物疫病净化工作进展和成效，扩大社会影响，营造良好氛围。

（五）**开展净化评估。**农业农村部组织制定有关评估标准规范和评估程序，开展国家级动物疫病净化场评估，公布和动态调整国家级净化场名单。省级农业农村部门负责省级动物疫病净化场评估并公布名单，组织国家级动物疫病净化场申报。各级动物疫病预防控制机构对动物疫病净化效果进行监测和评估，建立健全动物疫病净化场评估管理制度，巩固扩大净化成果。

四、保障措施

（一）**强化组织领导。**农业农村部负责全国动物疫病净化工作。中国动物疫病预防控制中心具体组织实施，制定发布净化评估技术规范和评估管理指南等。省级农业农村部门负责本辖区动物疫病净化工作，成立动物疫病净化工作领导小组，明确责任机构和分工安排，组建技术专家队伍，确定协调联络人员。各级农业农村部门要积极向党委政府汇报，加强与有关部门沟通，协调解决动物防疫检疫机构队伍、仪器设备、基础设施、经费保障等关键问题。

（二）**强化政策支持。**通过省级以上评估的动物疫病净化场，优先纳入国家动物疫病无疫区和无疫小区建设评估范围。将动物疫病净化与畜牧业发展支持政策结合，申请种畜禽生产经营许可证、申报畜禽养殖标准化示范场、实施国家畜禽遗传改良计划等，优先考虑通过动物疫病净化评估的养殖场。各级农业农村部门在统筹安排涉农项目资金时，优先支持开展动物疫病净化相关工作。鼓励各地实施动物疫病净化补助，对通过评估的动物疫病净化场进行先建后补、以奖代补。

（三）**强化评估管理。**指导养殖场户和企业落实防疫主体责任，建立健全净化工作制度，组建专门工作团队，确保各项措施落实到位。省级农业农村部门要落实属地管理责任，建立健全净化评估评价机制，开展抽样检测，落实管理措施。对不符合要求的动物疫病净化场，要及时提出整改意见并限期整改；经整改仍不符合要求的，从净化场名单中剔除。农业农村部将重点针对国家级动物疫病净化场，组织开展抽样检测。

五、联系方式

推进动物疫病净化工作中有关问题和意见建议，请及时与农业农村部畜牧兽医局和中国动物疫病预防控制中心反馈联系。

（一）农业农村部畜牧兽医局

联 系 人：张存瑞　张昱

联系电话：010-59191402，59191739

传　　真：010-59192861

（二）中国动物疫病预防控制中心

联 系 人：张倩　邴国霞

联系电话：010-59194601，59194665

传　　真：010-59194711

农业农村部

2021 年 10 月 7 日

附录 B
动物疫病净化场评估管理指南（2023 版）

第一条　为做好动物疫病净化场评估工作，规范动物疫病净化场评估管理，根据《农业农村部关于推进动物疫病净化工作的意见》（农牧发〔2021〕29 号，以下简称《意见》），经农业农村部畜牧兽医局同意，制定本指南。

第二条　农业农村部负责全国动物疫病净化工作，中国动物疫病预防控制中心具体组织实施，制定发布净化评估技术规范和评估管理指南等。

第三条　本指南所称"动物疫病净化场"是指通过农业农村部或省级农业农村主管部门组织的统一评估，达到特定动物疫病净化标准的养殖场。

第四条　申请国家级动物疫病净化场评估的养殖场，需通过省级动物疫病净化场评估，并按《国家级动物疫病净化场申报书》（附件 1）要求，逐级向省级农业农村主管部门提交相关申请材料；省级农业农村主管部门统一组织向农业农村部畜牧兽医局申请评估。

第五条　农业农村部畜牧兽医局对申报材料进行初审，由中国动物疫病预防控制中心具体组织专家组对通过初审的单位进行材料评估，按照 30% 的比例现场抽检评估部分养殖场，申请数量不足 3 家的省份，申请养殖场全部进行现场评估。

第六条　中国动物疫病预防控制中心负责组建国家级动物疫病净化评估专家库，制定并发布《动物疫病净化评估技术规范》。

第七条　现场评估实行专家组长负责制。评估专家由中国动物疫病预防控制中心从国家级动物疫病净化评估专家库中随机抽取，专家组由 3~5 人组成，专家组组长由中国动物疫病预防控制中心指定。农业农村部畜牧兽医局根据工作需要派观察员参加现场评估。

第八条　现场评估包括实地查看和实验室检测两部分，评估专家组负责实地查看、现场采样监督和实验室检测结果的确认。

中国动物疫病预防控制中心指定实验室开展实验室检测并出具检测报告，养殖场所在地的各级动物疫病预防控制机构负责协助完成各项工作。

第九条　现场评估专家组应根据《动物疫病净化评估技术规范》相关要求逐项进

行现场评审、监督采样，如实记录检查结果和存在的问题，并依据现场评审和检测结果，提出评估意见。

第十条 评估意见分为通过、限期整改和不通过三种。

需限期整改的养殖场应在规定的时限内完成整改，并将整改报告报评估专家组。评估专家组对整改报告进行审核，必要时可进行现场复核，并提出评估意见。

评估专家组组长对评估结果进行确认，完成评估报告。

第十一条 在完成材料评估和现场评估的基础上，召开专家评审会议，确定国家级动物疫病净化场建议名单，报农业农村部畜牧兽医局审核，审核通过的按程序以农业农村部文件发布。

第十二条 未通过评估的养殖场，可按照国家级动物疫病净化场评估工作安排和要求重新提出申请。

第十三条 自农业农村部发布之日起，国家级动物疫病净化场的有效期：种畜禽场、奶畜场为 5 年，规模养殖场为 3 年（不含种畜禽场、奶畜场）。动物疫病净化场应按照统一制式（附件 2）悬挂牌匾。

国家级动物疫病净化场应在有效期到期前 6 个月以上提出复评估申请，复评估按初次评估规定的评估程序执行。

第十四条 国家级动物疫病净化场实行动态监测制度。中国动物疫病预防控制中心受委托对国家级动物疫病净化场进行现场调研和抽样检测，发现不符合净化要求的，将结果报告农业农村部畜牧兽医局，建议暂停或取消其国家级动物疫病净化场资格。

第十五条 有下列情形之一的，暂停国家级动物疫病净化场资格：

（一）生物安全管理体系不能正常运行的；

（二）监测证据不能证明达到相关疫病净化标准的；

（三）当地畜牧兽医机构不能对动物疫病净化场实施有效监管的；

（四）其他需要暂停的情形。

第十六条 被暂停资格的国家级动物疫病净化场应在 12 个月内完成整改，并向省级畜牧兽医部门申请评估。省级评估合格后，向农业农村部畜牧兽医局提出恢复申请。经农业农村部畜牧兽医局组织评估合格的，由农业农村部畜牧兽医局发文恢复资格；未按期完成整改或未通过评估的，由农业农村部发文取消资格。被取消资格的国家级动物疫病净化场 2 年内不得重新申报。

　　第十七条　各地要落实《意见》要求和属地管理责任，对辖区内国家级动物疫病净化场开展日常监督管理和抽样检测，发现问题及时提出暂停或者取消资格的建议，报农业农村部畜牧兽医局并抄送中国动物疫病预防控制中心。

　　第十八条　本指南由中国动物疫病预防控制中心负责解释。

　　各地可参照本指南制定本辖区动物疫病净化场评估的相关规定和申报要求，组织开展动物疫病净化场评估工作。

　　第十九条　本指南自发布之日起施行。

附件 1：国家级动物疫病净化场申报书（略）

附件 2：动物疫病净化场牌匾制式（略）

附录 C
规模猪场建设

（GB/T 17824.1—2022）

Construction for intensive pig farms

1 范围

本文件规定了规模猪场建设的场址选择、猪场布局、建设用地、饲养工艺、设施设备、水电供应和猪舍建筑要求。

本文件适用于新建、改建和扩建的规模猪场，其他类型猪场参照执行。

2 规范性引用文件

下列文件中的内容通过文中的规范性引用而构成本文件必不可少的条款。其中，注日期的引用文件，仅该日期对应的版本适用于本文件；不注日期的引用文件，其最新版本（包括所有的修改单）适用于本文件。

GB 5749　生活饮用水卫生标准

GB/T 17824.3　规模猪场环境参数及环境管理

GB 50016　建筑设计防火规范

NY/T 388　畜禽场环境质量标准

3 术语和定义

下列术语和定义适用于本文件。

3.1

规模猪场　intensive pig farms

采用现代养猪技术与设施设备，实行批次化、全进全出生产工艺，存栏基础母猪100 头以上或年出栏商品猪 500 头以上的自繁自养猪场、专业母猪场、专业育肥猪场。

3.2

基础母猪　foundation sow

能繁母猪　breeding sow

具有正常繁殖能力的种用母猪。

注：包括空怀母猪、妊娠母猪和泌乳母猪。

3.3

专业母猪场　sow farm

专门饲养母猪繁育仔猪的猪场。

3.4

专业育肥猪场　pig-fattening farm

专门饲养生长育肥猪的猪场。

4　场址选择

4.1　猪场选址应符合国家和地方政府的法律法规要求，应满足动物防疫条件。不应在下列区域内建场：

——饮用水水源保护区，自然保护地的核心保护区；

——城镇居民区、文化教育科学研究区等人口集中区域；

——法律、行政法规规定的其他禁养区域。

4.2　猪场场址应位于居民区常年主导风向的下风向或侧风向，地势高燥，通风良好，交通便利，水电稳定。

4.3　在原猪场或其他畜禽场重建、改建和扩建的，应彻底消杀病原微生物。

5　猪场布局

5.1　猪场宜划分为生活管理区、辅助生产区、生产区、隔离和粪污处理区等功能区域，生活管理区、辅助生产区应位于生产区的上风处和地势较高处，隔离和粪污处理区应位于生产区的下风处和地势较低处；各功能区之间应保持一定的隔离间距。

5.2　生产区内的各类猪舍宜按猪群周转流程依次布置。

5.3　猪舍朝向宜兼顾通风与采光，猪舍纵向轴线与常年主导风向宜呈 30°~60°；密闭式环境可控的猪舍不受此限。

5.4　猪舍门口宜配备消毒池。

5.5　生产区内应分设净道和污道，避免交叉使用；宜根据地势修筑沟渠疏导地面径流，实行雨污分流，污水采用暗管输送至粪污处理区。

5.6　场区出入口应设车辆消毒通道、值班室和人员更衣消毒室。

5.7　猪场四周宜设实体围墙。

5.8 猪场外宜设出入猪中转站和车辆洗消站，洗消站内设立清洗区、消毒区和烘干区。

6 建设用地

6.1 建设内容

猪场应根据饲养规模、生产工艺和实际需要配置生产设施和辅助设施，建设内容见附表 C-1。

附表 C-1　猪场建设内容

项目	生产设施	辅助设施
建设内容	各类猪舍、转猪通道、采精室及精液处理间、兽医室、检测室、饲料加工车间、饲料存储间、饲料塔、场区道路、隔离及粪污处理区、装卸台、出入猪中转站、车辆洗消站等	门卫室、淋浴消毒室、监控室、办公室、宿舍、食堂、管理用房、停车库、变配电室、发动机房、水泵房、锅炉房、蓄水塔（池）、维修间和地磅房等

6.2 用地面积

6.2.1 不同类型猪场的用地面积可根据存栏量和用地指标进行测算。用地指标见附表 C-2。

附表 C-2　猪场用地指标

（单位：m^2/头）

猪场类型	总用地指标	生产设施用地	辅助设施用地
自繁自养猪场	7.0~11.0	6.0~9.5	1.0~1.5
专业母猪场	5.0~8.0	4.5~7.0	0.5~1.0
专业育肥猪场	3.5~7.0	3.0~6.0	0.5~1.0

6.2.2 在山区丘陵地带建场，总用地面积可在 6.2.1 测算总用地指标基础上增加20%~30%。

6.2.3 多层立体养殖的猪场，生产用地面积可在 6.2.1 测算生产设施用地基础上减少30%~50%。

7 饲养工艺

7.1 猪群周转

7.1.1 猪群周转实行批次化、全进全出的生产工艺，按照种公猪、空怀/妊娠母猪、分娩／泌乳母猪、保育猪、生长育肥猪和后备公母猪的生理特点，进行分段管理。

7.1.2　猪群周转流程：母猪在空怀舍配种、饲养 4~5 周，确定妊娠后，转入妊娠舍饲养 12~13 周，临产前 1 周转入分娩舍，哺乳期 3~4 周。母猪断奶后转入空怀舍，进入下一个繁殖周期。仔猪断奶后，转入保育舍饲养 5~6 周，然后转入生长育肥猪舍，饲养 15 周左右出栏。

7.2　猪群生产参数

正常饲养管理条件下的猪群生产参数见附表 C-3。

附表 C-3　猪群生产参数

性能指标	参数范围
种公猪年更新率（%）	50~100
基础母猪年更新率（%）	30~50
配种分娩率（%）	85~90
母猪年产仔窝数／窝	2.0~2.3
母猪总产仔数／（头／窝）	10~13
仔猪断奶日龄 /d	21~28
哺乳仔猪成活率（%）	90~93
仔猪断奶体重（3~4 周龄）/（kg/ 头）	6~8
保育猪期末体重（9~10 周龄）/（kg/ 头）	20~25
保育期（5~10 周龄）成活率（%）	93~96
生长育肥期（10~24 周龄）成活率（%）	97~99
生长育肥期（10~24 周龄）料重比／（kg/kg）	2.5~2.8

注：地方猪种的生产参数，根据实际自行确定。

7.3　猪群结构

自繁自养猪场的猪群结构见附表 C-4。

附表 C-4　自繁自养猪场的猪群结构

（单位：头）

猪群类别	100 头基础母猪	600 头基础母猪	1200 头基础母猪
成年种公猪	2~3	10~15	20~30
后备公猪	1~2	4~8	8~16

（续）

猪群类别	100 头基础母猪	600 头基础母猪	1200 头基础母猪
后备母猪	25~35	150~210	300~420
空怀／妊娠母猪	80~84	480~504	960~1008
分娩／泌乳母猪	17~19	102~114	204~228
哺乳仔猪	160~180	960~1080	1920~2160
保育猪	180~220	1080~1320	2160~2640
生长育肥猪	570~590	3420~3540	6840~7080
合计存栏	1035~1133	6206~6791	12412~13582

7.4 舍内配置

7.4.1 猪舍内可根据需要分成几个相对独立的单元，各单元之间宜用实体墙隔开，单元内由若干组猪栏组成。

7.4.2 每个猪栏适宜饲养头数和饲养密度见附表 C-5。

附表 C-5　每栏适宜饲养头数和饲养密度

猪群类别	饲养方式	每栏适宜饲养头数／头	饲养密度／（m²／头）
种公猪	大栏饲养	1	7.5~9.0
种公猪	限位栏饲养	1	1.7~1.9
后备公猪	大栏饲养	1~2	4.0~5.0
后备公猪	限位栏饲养	1	1.3~1.6
后备母猪	小群饲养	5~6	2.0~2.5
后备母猪	限位栏饲养	1	1.3~1.6
空怀／妊娠母猪	小群饲养	4~5	2.5~3.5
空怀／妊娠母猪	大群饲养	≥20	2.0~2.5
空怀／妊娠母猪	限位栏饲养	1	1.4~1.7
分娩／泌乳母猪（含哺乳仔猪）	限位栏饲养	1	4.2~4.8
保育猪	大群饲养	10~200	0.3~0.4
生长育肥猪	大群饲养	10~200	0.5~1.0

7.4.3 猪栏内应配备食槽和饮水器：

  ——单栏饲养时，每栏内应配备食槽和饮水器各 1 个；

  ——哺乳仔猪栏内，应配备仔猪补饲槽和仔猪饮水器各 1 个；

  ——保育猪、生长育肥猪栏内，每 10 头应配备 1 个食槽和 1 个饮水器；

  ——母猪小群饲养时，每头应配备 1 个采食位，每 5 头应配备 1 个饮水器；

  ——采用饲喂站饲养时，应按照饲喂站参数配置。

8　设施设备

8.1　一般要求

8.1.1 猪场设备的材料要求见 GB/T 701、GB/T 706、GB/T 3091、GB/T 3274、GB/T 5574。

8.1.2 猪场设备加工零件的尺寸公差要求见 GB/T 702、GB/T 708、GB/T 800.1、GB/T 1800.2、GB/T 1803；未注尺寸公差要求见 GB/T 1804。

8.1.3 设备表面不应有伤害操作人员和猪只的显见粗糙点、凸起部位、锋利刃角和毛刺；铸件表面应光滑，不应有气孔、夹砂、疏松等缺陷；焊合件应焊接牢固，焊缝应平整光滑；钣金件表面应光滑、平整，不应有起皱、裂纹、毛边；管道弯曲加工表面不应有龟裂、皱褶、起泡等。

8.1.4 猪场设备应坚实耐用，便于操作，无毒无害。

8.1.5 设备与地面、墙壁等连接牢固、整齐；电器设备安装符合用电安全规定。

8.2　设备选型

8.2.1　猪栏

  不同阶段猪的猪栏参数见附表 C-6。

附表 C-6　猪栏参数

（单位：mm）

猪栏种类	栏高	栏长	栏宽
种公猪栏	1200	3000~3500	2500~3000
种公猪限位栏	1200	2400	700~800
后备公母猪限位栏	1100	2200~2300	600~700
空怀 / 妊娠母猪栏	1100	3000~3300	2900~3100
空怀 / 妊娠母猪限位栏	1100	2300	650~750

（续）

猪栏种类	栏高	栏长	栏宽
分娩 / 泌乳母猪限位栏 （含所带仔猪）	1100	2200~2400	1800~1950 母猪限位区在中间，600~650 仔猪区在两侧，各 600~650
保育猪栏 [a]	700	—	—
生长育肥猪栏 [a]	900	—	—

a 保育猪、生长育肥猪的栏长与栏宽适宜比例为 2∶1 或 1.5∶1，具体栏长、栏宽可根据饲养头数和饲养密度确定。

8.2.2 饲喂系统

猪场宜安装饲料自动饲喂系统。不同阶段猪的采食高度与采食宽度见附表 C-7。

附表 C-7　猪只采食高度与采食宽度

（单位：mm）

猪群类别	采食高度	采食宽度
种公猪、妊娠母猪	230~250	350~450
分娩 / 泌乳母猪	230~250	350~450
哺乳仔猪	70~80	100~120
保育猪	100~120	180~220
生长育肥猪	150~190	300~350

8.2.3 饮水器

猪场应采用节水型饮水器。饮水器流量和安装高度见附表 C-8。

附表 C-8　饮水器流量和安装高度

猪群类别	流量 /（mL/min）	安装高度 /mm
种公猪、空怀 / 妊娠母猪、分娩 / 泌乳母猪	2000~2500	700~800
哺乳仔猪	300~800	120~150
保育猪	800~1300	200~300
生长育肥猪	1300~2000	400~650

8.2.4 漏缝地板

不同阶段猪的漏缝地板材质和规格见附表 C-9。

附表 C-9　漏缝地板材质和规格

（单位：mm）

猪群类别	宜选材质	板条宽	缝隙宽
种公猪、空怀/妊娠母猪	钢筋混凝土	100~120	25~30
后备公母猪、生长育肥猪	钢筋混凝土	100~120	20~25
分娩/泌乳母猪	铸铁或钢材料	10~15	10~15
哺乳仔猪	塑料或钢材料	10~15	10~15
保育猪	塑料或钢材料	15~20	15~20

8.2.5　环境调控系统

猪舍内环境参数应符合 GB/T 17824.3 和 NY/T 388 的规定，宜配备通风、供暖、降温、采光和空气质量控制等设备。

8.2.6　清洗消毒设备

猪场宜配置由清洗机、管路、水枪组成的可移动高压清洗系统；消毒设备可选配喷雾器、火焰消毒器和烘干设备。

8.2.7　清粪设备

应根据清粪方式选择清粪设备，干清粪方式宜选用刮板式机械清粪设备。

8.2.8　粪污和病死猪无害化处理设施设备

8.2.8.1　猪场应配备粪污无害化处理设施设备，粪污处理可参照 GB/T 36195 执行。

8.2.8.2　病死猪无害化处理的设施设备及注意事项见《病死及病害动物无害化处理技术规范》。

8.2.9　运输设备

猪场运输车辆宜包括运猪车、饲料运送车、病死猪运输车和粪便运输车等，场内外车辆不应混用。

8.2.10　其他设备

宜配备疫病检测、妊娠诊断、精液测定、称重、活体测膘、计算机以及配套软件等设施设备。

9　水电供应

9.1　猪场供水应根据需水总量和 GB 5749 选定水源、储水和水处理设施。猪场需水总量宜按下列方法测算。

——自繁自养猪场需水总量按基础母猪每头每日 180~210kg 测算。

——专业母猪场需水总量按基础母猪每头每日 100~120kg 测算。

—— 专业育肥猪场需水总量按生长育肥猪每头每日 20~30kg 测算。

9.2 猪场宜配置变频水泵供水，供水压力为 0.15~0.20MPa。

9.3 分娩舍、保育舍及消防、自动控制系统的电力负荷等级应为二级，采用双回路供电，或配备应急电源。

10 猪舍建筑要求

10.1 猪舍房檐高不应低于 2.4m。

10.2 猪舍内地面水平宜高于舍外地面 0.2m 以上；猪舍内主通道宽度宜为 0.9~1.2m。

10.3 猪舍围护结构应防止雨雪侵入，应保温隔热，应避免内表面凝结水汽。

10.4 猪舍内墙表面应耐消毒液的酸碱腐蚀。

10.5 猪舍墙体传热系数 k 应小于 0.35W/（$m^2 \cdot K$），屋顶及吊顶传热系数 k 应小于 0.23W/（$m^2 \cdot K$）。

10.6 猪舍建筑耐火等级应按三级设防，基本要求应按 GB 50016 执行。

附录 D
种公猪站猪伪狂犬病、猪瘟、
猪繁殖与呼吸综合征净化要求

Requirement on pseudorabies, classical swine fever, porcine reproductive and respiratory syndrome eradication of breeding boar stud

T/CVMA 52—2020

1 范围

本文件规定了种公猪站猪伪狂犬病、猪瘟、猪繁殖与呼吸综合征净化应具备的基本条件，需要达到的净化指标及抽样方案。

本文件适用于实施猪伪狂犬病、猪瘟、猪繁殖与呼吸综合征净化的种公猪站净化效果的评价及监督管理。

2 规范性引用文件

下列文件中的内容通过文中的规范性引用而构成本文件必不可少的条款。其中，注日期的引用文件，仅该日期对应的版本适用于本文件；不注日期的引用文件，其最新版本（包括所有的修改单）适用于本文件。

GB/T 16551　猪瘟诊断技术

GB/T 18090　猪繁殖与呼吸综合征诊断方法

GB/T 18641　伪狂犬病诊断技术

NY/T 682　畜禽场场地设计技术规范

NY/T 1168　畜禽粪便无害化处理技术规范

3 术语和定义

下列术语和定义适用于本文件。

3.1

种公猪站 breeding boar stud

具有一定规模的种公猪，专门从事种猪精液生产，并取得畜牧兽医行政主管部门颁发的种畜禽生产经营许可证的种公猪站。

3.2

动物疫病净化 animal disease eradication

动物疫病净化是指有计划地在特定区域或场所对特定动物疫病,通过监测、检验检疫、隔离、扑杀、销毁等一系列技术和管理措施,最终达到在该范围内动物个体不发病和无感染状态的根除消灭疫病病原的过程,目的是清除可传染的病原因子,从而达到并维持动物个体和群体健康。

3.3

无害化处理 decontaminated disposal

用物理、化学或是生物学方法处理粪便等污物、病死和病害动物及其产品,以消灭所携带病原体,从而消除危害的过程。

3.4

消毒 disinfection

用物理、化学或是生物学方法消除或是杀灭场所、饲料、饮水及畜禽体表和各种物品中的病原微生物及其他有害微生物的处理过程。

4 缩略语

下列缩略语适用于本文件。

ELISA enzyme linked immunosorbent assay 酶联免疫吸附试验

5 基本条件

5.1 人员管理

5.1.1 应建立净化工作团队,并有名单和明确的责任分工等证明材料,有员工管理制度。

5.1.2 应有专职的精液分装检验人员。

5.1.3 技术人员应经过专业培训并取得相关证明。

5.1.4 应有员工疫病防治培训制度和培训计划,有员工培训考核记录。

5.1.5 从业人员应有健康证明。

5.1.6 本场专职兽医技术人员至少 1 名获得"执业兽医资格证书",并有专职证明材料(如社保或工资发放证明等)。

5.2　结构布局

5.2.1　站区位置独立，与主要交通干道、居民生活区、生活饮用水源地、屠宰场、交易市场隔离距离要求见《动物防疫条件审查办法》；场区周围应有围墙、防风林、灌木、防疫沟或其他物理屏障等隔离设施或措施。

5.2.2　种公猪站应有防疫警示标语、警示标牌等防疫标志。

5.2.3　办公区、生产区、生活区、粪污处理区和无害化处理区应严格分开，界限分明；生产区距离其他功能区 50m 以上或通过物理屏障有效隔离；站内出猪台与生产区应相距 50m 以上或通过物理屏障有效隔离；站内净道与污道应分开，如存在部分交叉，应有规定使用时间和消毒措施。

5.2.4　应设置独立的出猪中转站。

5.2.5　应有独立的采精室、精液制备室和精液销售区，且功能室布局合理。

5.2.6　采精室和精液制备室应有效隔离，分别有独立的淋浴、更衣室。

5.2.7　应有独立的引种隔离舍或后备培育舍。

5.3　设施设备

5.3.1　采精室、精液制备室、精液质量检测室应有控温、通风换气和消毒设备，且运转良好。

5.3.2　精液制备室、精液质量检测室洁净级别应达到万级，精液分装区域洁净级别应达到百级。

5.3.3　猪舍通风、换气和温控等设施应运转良好，宜有独立高效空气过滤系统。

5.4　卫生环保

5.4.1　站区应无垃圾及杂物堆放。

5.4.2　站区实行雨污分流，符合 NY/T 682 的要求。

5.4.3　应有固定的猪粪贮存、堆放设施设备和场所，存放地点有防雨、防渗漏、防溢流措施。

5.4.4　站区禁养其他动物，应有防止周围其他动物进入站区的设施或措施。

5.4.5　生产区应具备有效的防鼠、防虫媒、防犬猫、防鸟进入的设施或措施。

5.5　无害化处理

5.5.1　应有粪污无害化处理制度，场区内有与生产规模相匹配的粪污处理设施设备，宜采用堆肥发酵方式对粪污进行无害化处理，处理结果应符合 NY/T 1168 的要求。

5.5.2　应有病死猪无害化处理制度，无害化处理措施见《病死及病害动物无害化处理技术规范》，有病死猪隔离、淘汰、诊疗、无害化处理等相关记录。

5.6　消毒管理

5.6.1　站区外设置独立的入场车辆清洗消毒站。

5.6.2　站区入口应设置覆盖全车的消毒设施以及人员消毒设施；有车辆及人员出入场区消毒及管理制度和岗位操作规程，并对车辆及人员出入和消毒情况进行记录。

5.6.3　生产区入口应设置人员消毒、淋浴、更衣设施；有本场职工、外来人员进入生产区消毒及管理制度，有出入登记制度，对人员出入和消毒情况进行记录。

5.6.4　生产区内部有定期消毒措施，有消毒制度和岗位操作规程，对生产区内部消毒情况进行记录。

5.6.5　精液采集、传递、配制、储存等各生产环节应符合生物安全要求，并按照操作规程执行。采精及各功能室及生产用器具应定期消毒，记录完整。

5.6.6　应有消毒剂配液和管理制度，有消毒液配制及更换记录。

5.6.7　应开展消毒效果评估，并有相关记录。

5.7　生产管理

5.7.1　应制定投入品（含饲料、兽药、生物制品）使用管理制度，应有投入品使用记录；应将投入品分类分开储藏，标识清晰。

5.7.2　应有种公猪精液生产技术、精液质量检测技术、饲养管理技术规程并遵照执行，档案记录完整。

5.7.3　采精和精液分装应由不同的工作人员完成。

5.7.4　应有健康巡查制度及记录。

5.8　防疫管理

5.8.1　应建立适合本站的常见疫病防治规程及突发动物疫病应急预案。

5.8.2　应有动物发病、兽医诊疗与用药记录，有阶段性疫病流行记录或定期猪群健康状态分析总结。

5.9　引种管理

5.9.1　应有引种管理制度和引种隔离管理制度。

5.9.2　国内引种应来源于有"种畜禽生产经营许可证"的种猪场；国外引进种猪应有国务院农业农村或畜牧兽医行政主管部门签发的审批意见及海关相关部门出具的

检测报告。

5.9.3 引入种猪入场前应有非洲猪瘟、猪口蹄疫、猪伪狂犬病、猪瘟、猪繁殖与呼吸综合征病原或感染抗体检测报告且结果全部阴性。

5.9.4 本场供给精液应有非洲猪瘟病毒、猪口蹄疫病毒、猪伪狂犬病病毒、猪瘟病毒、猪繁殖与呼吸综合征病毒的定期抽检记录。

5.10 监测净化

5.10.1 应有猪伪狂犬病、猪瘟、猪繁殖与呼吸综合征年度（或更短周期）监测净化方案和监测报告。

5.10.2 检测记录应能追溯到种公猪个体的唯一性标识（如耳标号）。

6 净化指标

6.1 抽样方案

6.1.1 采精公猪群

存栏 200 头以下，100% 采样；存栏 200 头以上随机抽样，抽样数量按照下面公式计算，其中，CL=95%，最小预期流行率 =3%。

$$n = \left[1 - \left(1 - CL \right)^{\frac{1}{D}} \right] \times \left(N - \frac{D-1}{2} \right)$$

式中 n —— 抽样数量（头）；

CL —— 置信水平；

D —— 群体中预估的最小发病动物数（头），即：$N \times$ 最小预期流行率；

N —— 群体中的动物总数（头）。

6.1.2 后备种猪群

100% 采样。

6.2 猪伪狂犬病

6.2.1 对采精公猪、后备种猪按照 6.1 规定的方法进行抽样，采用 GB/T 18641 规定的 ELISA 方法或采用等效的商品化 ELISA 试剂盒，对猪只血清样本进行猪伪狂犬病病毒抗体检测，检测结果均为阴性。

6.2.2 停止免疫两年以上，无临床病例。

6.2.3 符合 5.1~5.10 规定的基本条件。

6.3 猪瘟

6.3.1 对采精公猪、后备种猪按照 6.1 规定的方法进行抽样，采用 GB/T 16551 规定的 ELISA 方法或采用等效的商品化 ELISA 试剂盒，对猪只血清样本进行猪瘟病毒抗体检测，检测结果均为阴性。

6.3.2 停止免疫两年以上，无临床病例。

6.3.3 符合 5.1~5.10 规定的基本条件。

6.4 猪繁殖与呼吸综合征

6.4.1 对采精公猪、后备种猪按照 6.1 规定的方法进行抽样，采用 GB/T 18090 规定的 ELISA 方法或采用等效的商品化 ELISA 试剂盒，对猪只血清样本进行猪繁殖与呼吸综合征病毒抗体检测，检测结果均为阴性。

6.4.2 停止免疫两年以上，无临床病例。

6.4.3 符合 5.1~5.10 规定的基本条件。

附录 E
种猪场猪伪狂犬病、猪瘟、
猪繁殖与呼吸综合征净化要求

Requirement on pseudorabies，classical swine fever，porcine reproductive and
respiratory syndrome eradication of breeding pig farm
T/CVMA 48—2020

1　范围

本文件规定了种猪场猪伪狂犬病、猪瘟、猪繁殖与呼吸综合征净化应具备的基本
条件，需要达到的净化指标及抽样方案。

本文件适用于实施猪伪狂犬病、猪瘟、猪繁殖与呼吸综合征净化的种猪场净化效
果的评价及监督管理。其他类型猪场可参照执行。

2　规范性引用文件

下列文件中的内容通过文中的规范性引用而构成本文件必不可少的条款。其中，
注日期的引用文件，仅该日期对应的版本适用于本文件；不注日期的引用文件，其最
新版本（包括所有的修改单）适用于本文件。

GB/T 16551　猪瘟诊断技术

GB/T 18090　猪繁殖与呼吸综合征诊断方法

GB/T 18641　伪狂犬病诊断技术

NY/T 682　畜禽场场地设计技术规范

NY/T 1168　畜禽粪便无害化处理技术规范

3　术语和定义

下列术语和定义适用于本文件。

3.1

种猪场 breeding pig farm

从事猪的品种培育、选育、资源保护和生产经营种猪及其遗传材料，并取得畜牧

兽医行政主管部门颁发的种畜禽生产经营许可证的养猪场。

3.2

动物疫病净化 animal disease eradication

动物疫病净化是指有计划地在特定区域或场所对特定动物疫病，通过监测、检验检疫、隔离、扑杀、销毁等一系列技术和管理措施，最终达到在该范围内动物个体不发病和无感染状态的根除消灭疫病病原的过程，目的是清除可传染的病原因子，从而达到并维持动物个体和群体健康。

3.3

无害化处理 decontaminated disposal

用物理、化学或是生物学方法处理粪便等污物、病死和病害动物及其产品，以消灭所携带病原体，从而消除危害的过程。

3.4

消毒 disinfection

用物理、化学或是生物学方法消除或是杀灭场所、饲料、饮水及畜禽体表和各种物品中的病原微生物及其他有害微生物的处理过程。

4　缩略语

下列缩略语适用于本文件。

ELISA　enzyme linked immunosorbent assay　酶联免疫吸附试验

5　基本条件

5.1　人员管理

5.1.1　应建立净化工作团队，并有名单和责任分工等证明材料，有员工管理制度。

5.1.2　全面负责疫病防治工作的技术负责人应具有畜牧兽医相关专业本科以上学历或中级以上职称，从事养猪业三年以上。

5.1.3　应有员工疫病防治培训制度和培训计划，有近一年的员工培训考核记录。

5.1.4　养殖场从业人员应有健康证明。

5.1.5　本场专职兽医技术人员至少1名获得"执业兽医师资格证书"，并有专职证明材料（如社保或工资发放证明等）。

5.2　结构布局

5.2.1　场区位置独立，与主要交通干道、居民生活区、生活饮用水源地、屠宰场、交易市场隔离距离要求见《动物防疫条件审查办法》；场区周围应有围墙、防风林、灌木、防疫沟或其他物理屏障等隔离设施或措施。

5.2.2　养殖场应有防疫警示标语、警示标牌等防疫标志。

5.2.3　种猪、生长猪等宜按照饲养阶段分别饲养在不同地点，每个地点相对独立且相隔一定距离。

5.2.4　办公区、生产区、生活区、粪污处理区和无害化处理区应严格分开，界限分明；生产区距离其他功能区50m以上或通过物理屏障有效隔离；场内出猪台与生产区应相距50m以上或通过物理屏障有效隔离；场内净道与污道应分开，如存在部分交叉，应有规定使用时间和消毒措施。

5.2.5　应设置独立的出猪中转站。

5.3　栏舍设置

5.3.1　应有独立的引种隔离舍。

5.3.2　应有与生产区间隔300m以上或通过物理屏障有效隔离的病猪专用隔离治疗舍。

5.3.3　可设预售种猪观察舍。

5.3.4　应有称重装置、装（卸）平台等设施。

5.4　卫生环保

5.4.1　场区应无垃圾及杂物堆放。

5.4.2　场区实行雨污分流，符合NY/T 682的要求。

5.4.3　应有固定的猪粪贮存、堆放设施设备和场所，存放地点有防雨、防渗漏、防溢流措施。

5.4.4　场区禁养其他动物，并应有防止周围其他动物进入场区的设施或措施。

5.4.5　生产区应具备防鼠、防虫媒、防犬猫、防鸟进入的设施或措施。

5.5　无害化处理

5.5.1　场区内应有与生产规模相匹配的粪污处理设施设备，宜采用堆肥发酵方式对粪污进行无害化处理，处理结果应符合NY/T 1168的要求。

5.5.2　应有病死猪无害化处理制度，无害化处理措施见《病死及病害动物无害化处理技术规范》，有病死猪隔离、淘汰、诊疗、无害化处理等相关记录。

5.6 消毒管理

5.6.1 场区外设置独立的入场车辆清洗消毒站。

5.6.2 场区入口应设置车辆消毒池、覆盖全车的消毒设施以及人员消毒设施；有车辆及人员出入场区消毒及管理制度和岗位操作规程，并对车辆及人员出入和消毒情况进行记录。

5.6.3 生产区入口应设置人员消毒、淋浴、更衣设施；有本场职工、外来人员进入生产区消毒及管理制度，有出入登记制度，对人员出入和消毒情况进行记录。

5.6.4 每栋猪舍入口应设置消毒设施，人员有效消毒后方可进入猪舍。

5.6.5 栋舍、生产区内部有定期消毒措施，有消毒制度和岗位操作规程，对栋舍、生产区内部消毒情况进行记录。

5.6.6 应有消毒剂配液和管理制度，有消毒液配制及更换记录。

5.6.7 应开展消毒效果评估，并有评估记录。

5.7 生产管理

5.7.1 产房、保育舍和生长舍应实现猪群全进全出。

5.7.2 应制定投入品（含饲料、兽药、生物制品）使用管理制度，应有投入品使用记录；应将投入品分类分开储藏，标识清晰。

5.7.3 应有配种、妊检、产仔、哺育、保育与生长等生产记录。

5.7.4 应有健康巡查制度及记录。

5.8 防疫管理

5.8.1 应建立适合本场的卫生防疫制度和突发传染病应急预案。

5.8.2 应有独立兽医室，兽医室具备正常开展临床诊疗和采样设施，有兽医诊疗与用药记录。

5.8.3 病死动物剖检场所应符合生物安全要求，有完整的病死动物剖检记录及剖检场所消毒记录。

5.8.4 应有动物发病记录、阶段性疫病流行记录或定期猪群健康状态分析总结。

5.8.5 应有免疫制度、计划、程序和记录。

5.9 引种管理

5.9.1 应有引种管理制度和引种记录。

5.9.2 国内引种应来源于有"种畜禽生产经营许可证"的种猪场；外购精液应有"动

物检疫合格证明"；国外引进种猪、精液应有国务院农业农村或畜牧兽医行政主管部门签发的审批意见及海关相关部门出具的检测报告。

5.9.3　引种种猪应具有种畜禽合格证、动物检疫合格证明、种猪系谱证。

5.9.4　引入种猪入场前、外购供体/精液使用前、本场供体/精液使用前应有非洲猪瘟、猪口蹄疫、猪伪狂犬病、猪瘟、猪繁殖与呼吸综合征病原或感染抗体检测报告且结果为阴性。

5.9.5　本场销售种猪或精液应有非洲猪瘟、猪口蹄疫、猪伪狂犬病、猪瘟、猪繁殖与呼吸综合征抽检记录，并附具"动物检疫合格证明"。

5.10　监测净化

5.10.1　应有猪伪狂犬病、猪瘟、猪繁殖与呼吸综合征年度（或更短周期）监测净化方案和检测报告。

5.10.2　应根据监测净化方案开展疫病净化，检测、淘汰记录能追溯到种猪及后备猪群的唯一性标识（如耳标号）。

5.10.3　应有定期净化效果评估和分析报告（生产性能、发病率、阳性率等）。

6 净化指标

6.1　抽样方案

6.1.1　生产公猪群

存栏 50 头以下，100% 采样；存栏 50 头以上随机抽样，抽样数量按照下面公式计算，其中，CL=95 %，最小预期流行率 =3 %。

$$n = \left[1 - (1 - CL)^{\frac{1}{D}}\right] \times \left(N - \frac{D-1}{2}\right)$$

式中　n ——抽样数量（头）；

CL ——置信水平；

D ——群体中预估的最小发病动物数（头），即：$N \times$ 最小预期流行率；

N ——群体中的动物总数（头）。

6.1.2　生产母猪和后备种猪群

随机抽样，抽样数量按照 6.1.1 的公式计算，其中，CL=95%，最小预期流行率 =3%。

6.2　猪伪狂犬病

6.2.1　对场内种公猪、生产母猪和后备种猪按照 6.1 规定的方法进行抽样，采用 GB/T

18641 规定的 ELISA 方法或采用等效的商品化 ELISA 试剂盒对猪只血清样本进行猪伪狂犬病病毒抗体检测，检测结果均为阴性。

6.2.2　停止免疫两年以上，无临床病例。

6.2.3　符合 5.1~5.10 规定的基本条件。

6.3　猪瘟

6.3.1　对场内种公猪、生产母猪和后备种猪按照 6.1 规定的方法进行抽样，采用 GB/T 16551 规定的 ELISA 方法或采用等效的商品化 ELISA 试剂盒对猪只血清样本进行猪瘟病毒抗体检测，检测结果均为阴性。

6.3.2　停止免疫两年以上，无临床病例。

6.3.3　符合 5.1~5.10 规定的基本条件。

6.4　猪繁殖与呼吸综合征

6.4.1　对场内种公猪、生产母猪、后备种猪按照 6.1 规定的方法进行抽样，采用 GB/T 18090 规定的 ELISA 方法或采用等效的商品化 ELISA 试剂盒对猪只血清样本进行猪繁殖与呼吸综合征病毒抗体检测，检测结果均为阴性。

6.4.2　停止免疫两年以上，无临床病例。

6.4.3　符合 5.1~5.10 规定的基本条件。

附录 F
陆生动物卫生法典（2023 版）
15.3　猪繁殖与呼吸综合征病毒感染

Infection with porcine reproductive and respiratory syndrome virus

15.3.1　总则

猪是猪繁殖与呼吸综合征病毒（PRRSV）的唯一自然宿主。

本法典将猪繁殖与呼吸综合征（PRRS）定义为家养猪和圈养野猪的猪繁殖与呼吸综合征病毒感染。

猪繁殖与呼吸综合征病毒感染定义如下（定义中以下几条是"或"的关系）：

1）从家养猪或圈养野猪的样本中分离出猪繁殖与呼吸综合征病毒（不包括疫苗株）；

2）从家养猪或圈养野猪（有或无猪繁殖与呼吸综合征临床症状）的样本中检测到猪繁殖与呼吸综合征病毒的特异性抗原或核酸，而此抗原或核酸不是疫苗接种的结果，这些家养猪或圈养野猪与猪繁殖与呼吸综合征确诊或疑似病例有流行病学联系，或有理由怀疑以前与猪繁殖与呼吸综合征病毒有关或有过接触；

3）从家养猪或圈养野猪的样本中分离到猪繁殖与呼吸综合征病毒活疫苗株或检测到猪繁殖与呼吸综合征病毒活疫苗株的特异性抗原或核酸，而这些家养猪或圈养野猪没有接种疫苗或接种了灭活疫苗或接种了不同疫苗株，并表现出猪繁殖与呼吸综合征临床症状，或与疑似或确诊病例有流行病学联系；

4）从家养猪或圈养野猪的样本中检测到特异性猪繁殖与呼吸综合征病毒抗体（非疫苗株），这些家养猪或圈养野猪表现出与猪繁殖与呼吸综合征一致的临床症状，或在流行病学上与确诊或疑似猪繁殖与呼吸综合征暴发相关，或有理由怀疑以前与猪繁殖与呼吸综合征病毒有关或有过接触。猪繁殖与呼吸综合征潜伏期在此定义为14d。

即使出口国或地区向 OIE 通报存在野猪感染猪繁殖与呼吸综合征病毒，其家养猪或圈养野猪商品仍可依据本章相关条款安全进行贸易。

诊断试验和疫苗标准见《WOAH 陆生动物诊断试验与疫苗手册》。

15.3.2　安全商品

审批进口或过境下列商品及任何由其制成的产品且不含其他猪组织，无论出口国、地区或生物安全隔离区的猪繁殖与呼吸综合征状态如何，兽医主管部门均不应要求任何与猪繁殖与呼吸综合征有关的条件：

1）皮草、生皮和皮革制品；

2）猪鬃；

3）肉制品；

4）肉骨粉；

5）血液制品；

6）肠衣；

7）明胶。

15.3.3　无猪繁殖与呼吸综合征的国家、地区或生物安全隔离区

国家、地区或生物安全隔离区如符合下列条件，则可视之为无猪繁殖与呼吸综合征：

1）在整个国家，猪繁殖与呼吸综合征是法定通报疫病；

2）具有早期检测系统；

3）按照 15.3.13~15.3.16 的要求实施监测至少 12 个月；

4）在过去 12 个月中未发现家养猪和圈养野猪发生猪繁殖与呼吸综合征病毒感染；

5）在过去 12 个月中未使用灭活疫苗进行猪繁殖与呼吸综合征疫苗接种；

6）在过去 24 个月中未使用改良活疫苗进行猪繁殖与呼吸综合征疫苗接种；

7）按照 15.3.5~15.3.12 的规定进口或引进猪和猪类商品。

15.3.4　恢复无疫状态

以往无猪繁殖与呼吸综合征的国家、地区或生物安全隔离区若暴发了猪繁殖与呼吸综合征，在最后一个病例处置或屠宰后的 3 个月，在下列情况下可恢复无疫状态：

1）对感染群实施扑杀策略或屠宰所有易感动物，随后对养殖场进行消毒；

2）按照 15.3.13~15.3.16 的规定实施监测，结果阴性。

若未实施扑杀策略或未通过屠宰方式减群，应需按照 15.3.3 的规定执行。

15.3.5　关于从无猪繁殖与呼吸综合征的国家、地区或生物安全隔离区进口家养猪和圈养野猪的建议

兽医主管部门应要求出示国际兽医证书，证明动物：

1）装运之日无猪繁殖与呼吸综合征临床症状；

2）自出生之日起或过去至少 3 个月内，饲养在无猪繁殖与呼吸综合征的国家、地区或生物安全隔离区。

15.3.6　关于从有猪繁殖与呼吸综合征感染的国家或地区进口繁殖用或饲养用的家养猪和圈养野猪的建议

兽医主管部门应要求出示国际兽医证书，证明猪：

1）自出生之日起或隔离之前至少 3 个月内，饲养在未检测到猪繁殖与呼吸综合征病毒感染的养殖场；

2）装运之日无猪繁殖与呼吸综合征临床症状；

3）未进行猪繁殖与呼吸综合征疫苗接种，且不是免疫母猪的后代；

4）采用生物安保措施隔离 28d，并进行了两次猪繁殖与呼吸综合征病毒感染血清学检测，间隔时间不少于 21d，结果均为阴性，第二次血清学检测是在装运前 15d 内进行的。

15.3.7　关于从有猪繁殖与呼吸综合征感染的国家或地区进口屠宰用家养猪和圈养野猪的建议

兽医主管部门应要求出示国际兽医证书，证明猪在装运之日无猪繁殖与呼吸综合征临床症状。应采用适当生物安保措施将猪直接从装运地运往屠宰厂并立即屠宰。

15.3.8　关于从无猪繁殖与呼吸综合征的国家、地区或生物安全隔离区进口家养猪和圈养野猪的精液的建议

兽医主管部门应要求出示国际兽医证书，证明：

1）供精猪：

a. 自出生之日起或采精前至少 3 个月饲养在无猪繁殖与呼吸综合征的国家、地区或生物安全隔离区；

b. 采精之日无猪繁殖与呼吸综合征临床症状；

2）按照 4.6 和 4.7 的规定采集、处理和贮存精液。

15.3.9 关于从有猪繁殖与呼吸综合征感染的国家或地区进口家养猪和圈养野猪的精液的建议

兽医主管部门应要求出示国际兽医证书，证明：

1）供精猪没有接种猪繁殖与呼吸综合征疫苗；且

①自出生之日起或进入预隔离设施前至少 3 个月，饲养在未实施猪繁殖与呼吸综合征疫苗接种且在此期间未发现猪繁殖与呼吸综合征病毒感染的养殖场内；

②进入预隔离设施之日无猪繁殖与呼吸综合征临床症状，且当日采集样本的血清学检测结果为阴性；

③饲养在预隔离设施至少 28d，且在进入预隔离设施后不少于 21d 采集样本进行血清学检测，结果为阴性；

④符合下列条件之一：

a. 饲养在人工授精中心，至少每个月对统计学上具有代表性数量的供体雄性血清样本进行猪繁殖与呼吸综合征病毒感染检测，结果为阴性。采样方案的设计应确保每 12 个月能检测所有供精猪，且至少检测一次；

b. 饲养在人工授精中心，对所有供精猪在采精之日采集的血清样本进行猪繁殖与呼吸综合征病毒血清学和病毒学检测，结果为阴性；

2）按照 4.6 和 4.7 的要求采集、处理和贮存精液。

15.3.10 关于从无猪繁殖与呼吸综合征的国家、地区或生物安全隔离区进口家养猪和圈养野猪的活体胚胎的建议

兽医主管部门应要求出示国际兽医证书，证明：

1）供体母畜自出生之日起或采集胚胎前至少 3 个月，饲养在无猪繁殖与呼吸综合征的国家、地区或生物安全隔离区；

2）供体母畜在采集胚胎之日无猪繁殖与呼吸综合征临床症状；

3）胚胎的采集、处理和贮存应符合 4.8 或 4.10 的相关要求；

4）生产胚胎使用的精液应符合 15.3.8 或 15.3.9 的规定。

15.3.11 关于从有猪繁殖与呼吸综合征感染的国家或地区进口家养猪和圈养野猪的活体胚胎的建议

兽医主管部门应要求出示国际兽医证书，证明：

1）供体母畜：

①采集胚胎之日无猪繁殖与呼吸综合征临床症状；

②进行两次猪繁殖与呼吸综合征病毒感染的血清学检测，间隔时间不少于21d，结果为阴性，第二次检测应在采集胚胎前15d内进行；

2）胚胎的采集、处理和贮存应符合4.8或4.10的相关规定；

3）生产胚胎使用的精液应符合15.3.8或15.3.9的相关规定。

15.3.12　关于进口家养猪和圈养野猪新鲜肉的建议

无论来源国或地区的猪繁殖与呼吸综合征状态如何，兽医主管部门应要求出示国际兽医证书，证明该批新鲜肉来自在获准屠宰厂宰杀的猪，并依据6.3的规定，已进行宰前检疫和宰后检验，结果合格。

15.3.13　监测引言

下文作为1.4的补充，规定了有关猪繁殖与呼吸综合征的监测原则和指南。该部分可适用于整个国家、地区或生物安全隔离区，也为猪繁殖与呼吸综合征暴发后成员申请恢复整个国家、地区或生物安全隔离区无猪繁殖与呼吸综合征状态或保持无疫状态提供指南。

即使在没有临床症状的情况下，监测也应能发现猪繁殖与呼吸综合征病毒感染。猪繁殖与呼吸综合征监测应是一种持续性的方案，以确认国家、地区或生物安全隔离区内的家养猪和圈养野猪群无猪繁殖与呼吸综合征病毒感染，或能在已认可的无猪繁殖与呼吸综合征猪群检测出此感染。应考虑到该病流行病学的具体特点，包括：

1）猪与猪直接接触的作用；

2）精液在病毒传播中的作用；

3）发生气溶胶传播的可能性；

4）存在两种不同的猪繁殖与呼吸综合征病毒基因型及其毒株间抗原性和毒力的差异；

5）无明显临床感染症状的发生率，特别是老龄猪；

6）即使存在抗体仍长期排毒的可能性；

7）缺乏鉴别免疫性抗体的检测方法，以及使用猪繁殖与呼吸综合征修饰活疫苗的内在风险。

兽医主管部门可能掌握了在该国流行的基因型信息，但不应认为不存在另一种基因型。因此，监测所使用的病毒学和血清学方法应能以相似灵敏度检测两种基因型及其抗体。

15.3.14 监测的一般条件和方法

1）依据 1.4 的规定，建立由兽医主管部门负责的监测体系，且应建立：

①检测和调查猪繁殖与呼吸综合征暴发的正式且持续运行的体系；

②记录、管理、分析诊断和监测数据的体系。

2）任何猪繁殖与呼吸综合征监测方案应：

①包括疑似病例的报告和调查。诊断技术人员和日常管理猪的人员应向兽医主管部门及时报告任何疑似猪繁殖与呼吸综合征病例；

②必要时，需对感染或传播疫病的高风险猪群（人工授精中心和核心群、猪群高密度区域或生物安保不完善的养殖场）定期且频繁进行临床检查和实验室检测。

15.3.15 监测策略

1. 引言

监测目标是估计感染流行情况、证明无疫或尽快发现猪繁殖与呼吸综合征病毒的输入。

根据本法典 1.4 的规定和流行病学状况，选择的监测策略应足以检测出猪繁殖与呼吸综合征病毒感染。将定向监测与一般性监测相结合，有利于提高监测策略的可信度。

2. 临床监测

临床症状和病理学检查有助于早期检测。还应调查幼龄仔猪的高发病率或高死亡率，以及母猪的繁殖障碍问题。高致病性毒株可能影响所有日龄猪，并导致严重的呼吸症状。由于低毒力猪繁殖与呼吸综合征病毒毒株感染可能不出现临床症状，或仅幼龄猪出现症状，所以需辅以病毒学和血清学监测。

3. 病毒学监测

在诸如临床疫病调查和高风险群等情形下，病毒学监测可能有早期检测优势。

病毒学监测应用于：

1）监控高风险群；

2）调查临床疑似病例；

3）跟踪血清学阳性结果。

分子学检测方法最常用于病毒学监测，也可用于大规模筛查。针对高危群使用分子学检测方法可早期检测到病毒，进而明显减少疫病的后续传播。分子学分析可为当地流行的基因型提供有价值信息，在疫病流行地区和无疫地区疫情暴发时，有助于提高人们对流行病学传播途径的认识。

4. 血清学监测

对未进行疫苗接种的群体进行血清学调查往往是最有效和高效的监测方法。若不进一步暴露于病原中，猪体内的猪繁殖与呼吸综合征病毒抗体 3~6 个月会消失，这在解释血清学监测结果时应予以考虑。

若缺乏区分感染猪和疫苗接种猪（DIVA）检测方法，疫苗接种群的血清学监测作用不大。

母源抗体通常在 4~8 周龄前可检测出。因此，样本采集应考虑猪群的类型、猪群的日龄结构，并重点关注高日龄猪。但在最近已停止疫苗接种的国家或地区，对 8 周龄以上未进行疫苗接种的幼龄猪进行有针对性的血清学监测，可提示是否存在感染。

15.3.16　恢复无疫状态的附加监测要求

除本章规定的一般条件外，宣布恢复无猪繁殖与呼吸综合征的国家、地区或生物安全隔离区状态的成员应提供积极的监测方案，证明无猪繁殖与呼吸综合征病毒感染。

该监测方案应涵盖：

1）疫情暴发点临近的养殖场；

2）在流行病学上与暴发点有关联的养殖场；

3）来自感染养殖场或从感染养殖场引入补栏的猪。

应定期对猪群进行临床、病理、病毒学和血清学检查，并按本章所述一般条件和方法有计划地进行。

附录 G
WOAH 陆生动物诊断试验与疫苗手册（2021 版）
3.9.6　猪繁殖与呼吸综合征

Porcine reproductive and respiratory syndrome

摘　要

　　猪繁殖与呼吸综合征（PRRS）是由猪繁殖与呼吸综合征病毒（PRRSV）引起的一种以母猪繁殖障碍及仔猪和育肥猪呼吸道症状为特征的传染病。该病毒属于套式病毒目的动脉炎病毒科（*Arteriviridae*）动脉炎病毒属（*Arterivirus*），其主要靶细胞为分化的猪肺泡巨噬细胞，主要是肺泡巨噬细胞和肺血管内巨噬细胞，但也可在淋巴组织中单核细胞衍生的巨噬细胞中复制，并在较小程度上在大多数器官的血管周围树突状细胞和单核细胞衍生的巨噬细胞中复制。越来越多的证据表明，高致病性 PRRS 病毒株也可感染肺、心脏和大脑的内皮细胞。这一特性被认为与较高的致病性有关，也可能对确定新毒株的特征有价值。

　　根据最新分类，以前的基因型现被认为是两个不同的病毒株，命名为 Betaarterivirus suid 1 型和 Betaarterivirus suid 2 型，分别归入 *Eur pobartevirus* 和 *Am pobartevirus* 两个不同亚属。本章中，将使用普遍接受和认可的常规名称（PRRSV-1 型和 PRRSV-2 型）表示两个 PRRSV 毒株。历史上，PRRSV-1 型（以前称为基因 1 型，1 型或欧洲型）仅限于在欧洲传播，PRRSV-2 型（以前称为基因 2 型，2 型或北美型）仅限于在北美传播，它们现已在全球范围内传播。病毒主要是通过直接接触传播，还会通过接触粪便、尿液、精液和污染物传播。已证实也可通过昆虫媒介（苍蝇和蚊子）和短距离的空气传播，但不是主要传播途径。PRRS 流行于全球主要养猪地区。繁殖障碍的特征是母猪不孕、晚期胎儿木乃伊化、流产、产死胎和弱胎，仔猪产出后常因呼吸道疾病和继发感染而很快死亡。年龄较大的猪可能出现轻度呼吸道症状，有时因继发感染而使病情复杂。2006 年，一个高致病性 PRRSV 毒株出现在中国，在所有年龄猪群中引起高热（40~42℃），母猪流产，断奶仔猪和育肥猪死亡率高。

　　病原检测：病毒学诊断 PRRSV 感染比较困难，可从血清或组织器官样本（如病猪的肺、扁桃体、淋巴结和脾）中分离病毒。猪肺泡巨噬细胞是两种病毒最敏感的培养细胞，建议用这些细胞进行病毒分离，最近的研究结果表明，猪单核细胞衍生的巨噬细胞也可用于 PRRSV 分离和培养。Marc-145（MA-104 克隆）细胞适合用于 PRRSV-2 型的分离。不同批次的猪肺泡巨噬细胞对 PRRSV 的敏感性不同，因此，需确定有较高敏感性的猪肺泡巨噬细胞，并在液氮中保存备用。可采用特异性抗血清免疫染色或单克隆抗体鉴定病毒。此外，已建立了其他一些可用于实验室确诊 PRRSV 感染的技术，如针对固定组织的免疫组化、原位杂交和反转录聚合酶链反应（PT-PCR）和实时 PT-PCR。

血清学检测：目前已有多种检测血清、口腔液和组织液中 PRRSV 抗体的血清学方法。使用肺泡巨噬细胞或 Marc-145 细胞建立的免疫过氧化物酶单层试验和间接免疫荧光试验，可用于 PRRS-1 型和 2 型的特异性抗体检测。现在最常用的检测方法是商品化或内部使用的酶联免疫吸附试验（ELISA）。间接 ELISA、阻断 ELISA 和双酶联免疫吸附试验，均可从血清学反应上区分 1 型和 2 型 PRRSV。也有专门用于检测口腔液中 PRRSV 血清转换的商业化 ELISA。

疫苗：疫苗接种有助于预防和控制 PRRS 引起的繁殖障碍和呼吸道症状。用改良活病毒进行疫苗接种可能会导致疫苗病毒通过精液散毒，会在母猪与仔猪之间垂直传播和接种与未接种疫苗猪之间水平传播。已有疫苗毒引起发病的报道。改良活疫苗可使免疫猪群持续带毒，也可使用全病毒灭活疫苗。

A. 前言

猪繁殖与呼吸综合征（PRRS）的特征表现为母猪繁殖障碍和猪的呼吸道疾病，见 Zimmerman 等（2019）的综述。1987 年，美国首次发现此病，1989 年见于日本，1990 年，在德国也发现此病，在短短几年内迅速流行。PRRS 由 PRRS 病毒（PRRSV）感染引起，荷兰于 1991 年首次发现该病毒，1992 年，在美国报告该病毒（Zimmerman 等，2019）。PRRSV 是单链正义 RNA 病毒，现已明确其生物学特性。除家猪和野猪外，其他物种不会自然感染 PRRSV。此病毒不构成人畜共患风险，也不会感染人类或人源的细胞。发现该病毒后不久，即确认其具有抗原性明显不同的两个代表型，分别为欧洲型（EU，1 型）和北美型（NA，2 型），最初被认为是两个基因型（Zimmerman 等，2019）。根据国际病毒分类委员会（ICTV，病毒分类：2019 年版）最新修订的分类，以前的基因型现被认为是两个不同的病毒株，命名为 Betaarterivirus suid 1 型和 Betaarterivirus suid 2 型，分别归入 *Eur pobartevirus* 和 *Am pobartevirus* 两个不同亚属。本章中，将使用普遍接受和认可的常规名称（PRRSV-1 型和 PRRSV-2 型）表示两个 PRRSV 毒株。其他研究表明，每个大陆也有区域性差异，随着 2 型 PRRSV 被引入欧洲，且在北美洲也发现 1 型病毒，现在这些差异已不明显。南美洲和亚洲的大多数 PRRSV 分离株都是 2 型，据推测，这些病毒是通过猪或精液运输被引入这些地区。东南亚大多数高致病性 2 型病毒（高致病性 PRRSV）的特点是在基因组 Nsp2 区域氨基酸缺失。然而，有确实的试验证据表明，这些缺失和病毒毒力无关（Shi 等，2010a；Zhou 等，2009；Zhou 和 Yang，2010）。

这两种毒株的变异毒株越来越多，主要是由 PRRSV 复制酶低保真率和毒株间重组（Murtaugh 等，2010）所致，新近描述了 1 型 PRRSV 东欧毒株的高度变异性，提供了有关猪新病原的进一步信息。这种多态性已被提议用来区分 PRRSV-1 型的 1、2 和 3 亚型。此外，越来越多的证据表明，可能存在一个新的亚型（4 型）（Stadejek 等，2008；2013）。这种多样性对诊断和疫苗的影响还不清楚，但需予以考虑。亚型 3 和亚型 2 已被证明比亚型 1 毒力更高（Karniychuk 等，2010；Morgan 等，2013；Stadejek 等，2017）。Trus 等（2014）发现，亚型 1 改良活疫苗能够部分保护和对抗亚型 3。虽然已在 PRRSV2 型鉴定出 9 种不同的遗传谱系，但 2 型整体水平的多样性不超过 PRRSV-1 的亚型（Shi 等，2010b；Stadejek 等，2013）。

猪繁殖综合征的典型特征为母猪晚期流产、早产或延迟生产（包括产死胎和木乃伊胎）、死产和产弱仔猪。据报道，在流行急性期，经产母猪发病增加，很少有关于早、中期妊娠猪繁殖障碍的报道。PRRSV 引起生殖疾病最可能的原因是病毒引起胎盘和子宫内膜损伤（Karniychuk 和 Nauwynck，2013）。在公猪、后备母猪和经产母猪中，可观察到短暂发热和厌食症，呼吸综合征主要表现为呼吸困难、发热、厌食和无精打采。青年猪比成年猪更易感染呼吸综合征，种猪和后备母猪常有隐性感染。常见继发感染，死亡率可能较高。感染 PRRSV 或用活疫苗免疫的公猪可通过精液排毒，已描述了精子形态和功能变化（Christopher-Hennings 等，1997）。PRRSV 主要通过猪及其粪便、尿液和精液进行直接传播，也可通过昆虫媒介传播（苍蝇或蚊子），或通过气溶胶和机械途径间接传播，导致高密度猪群的慢性重复感染。现已较好地描述了 PRRSV 感染的大体和显微病变（Zimmerman 等，2019）。总体上，青年猪的病变比成年猪严重。临诊观察和试验研究表明，同一基因型和不同基因型的 PRRSV 分离株在毒力上存在差异（Karniychuk 等，2010；Stadejek 等，2017；Weesendorp 等，2013）。2006 年，东南亚发生引起各种年龄猪高死亡率的高热病，出现一个与此病相关的 PRRSV 谱系，从而加强了这种变异性（Tian 等，2007）。尽管自发现 PRRSV 以来已完成了大量的研究，但在 PRRSV 和其他疾病的明显关联及其免疫应答方面还有很多知识空白。

B. 诊断技术

猪繁殖与呼吸综合征的诊断方法及其适用范围见附表 G-1。

附表 G-1　猪繁殖与呼吸综合征的诊断方法及适用范围

方法	用途					
	确认动物群体无感染	确认运输前动物个体无感染	适用于根除计划	临诊病例确诊	感染流行率监测	疫苗接种后畜群或个体动物的免疫状态确认
病原检测[①]						
病毒分离	–	++	–	+++	–	–
PT-PCR	+++	+++	+++	+++	++	–
IHC	–	–	–	++	–	–
ISH	–	–	–	++	–	–
免疫应答检测[②]						
ELISA	+++	++	+++	++	+++	++
IPMA	++	++	++	+	++	+++
IFA	++	++	++	+	++	+++

注：1. ＋＋＋为推荐用于此用途；＋＋为有限制地推荐；＋为在非常有限的情况下可采用；－为不适用于此用途。

　　2. PT-PCR 为反转录聚合酶链反应试验；IHC 为免疫组化试验；ISH 为原位杂交试验；ELISA 为酶联免疫吸附试验；IPMA 为免疫过氧化物酶单层细胞试验；IFA 为免疫荧光试验。

① 建议联合使用多个病原鉴定方法检测同一临诊样本。

② 选用所列血清学方法之一即可。

1　病原检测

PRRSV 的检测方法有病毒分离、检测病毒核酸和病毒蛋白。猪在感染后发展为病毒血症和肺部感染，在青年猪上可持续数周，在成年猪上持续数天，因此，血清和支气管肺泡灌洗液是检测 PRRSV 的理想样本。

1.1 病毒分离

PRRSV 的分离相对困难，因为病毒分离株（尤其是 1 型病毒）可能很难感染 Marc-145 和 CL-2621 细胞系（Provost 等，2012；Zimmerman 等，2012）。最近的研究结果表明，猪的单核巨噬细胞可用于细胞培养病毒分离和传代（García-Nicolás 等，2014），可在体外从猪外周血单核细胞（PBMCs）中分化出来，而不需要宰杀动物，不同于收集肺部样本用于猪肺泡巨噬细胞（PAM）的制备。此外，已开发了几个支持 PRRSV 复制的转基因细胞系，包括表达 CD163 蛋白的永生 PAM 细胞系、永生猪单核细胞、表达 CD163 蛋白和唾液酸黏附素的 PK-15，以及表达 CD163 蛋白的猪、猫和小仓鼠肾细胞（Delrue 等，2010；Provost 等，2012）。另外，研究证实 PRRSV 也可感染非重组细胞系（Feng 等，2013；Provost 等，2012）。PAM 能支持大多数病毒株的复制。然而，PAM 的制备困难，只有高健康状况和小于 8 周龄的猪可用于 PAM 的制备（Feng 等，2013）。不同批次的 PAM 对 PRRSV 的敏感性不同，因此，每一批在使用前必须经过测试。如下所述，PAM 可储存在液氮中备用。使用 PAM 分离 PRRSV 是一种可在大多数诊断实验室进行的技术，对所有毒株分离敏感，下面将详细解释。用于病毒分离的样本在采集后应立即 4℃冷藏，并在 24~48h 运至实验室。在此温度下，血清中病毒的半衰期估计为 155h。然而，pH 在 6.5~7.5 范围以外，病毒的传染性将会迅速消失（Zimmerman 等，2019）。若需要更长保存时间，建议保存在 −70℃环境下。

1.1.1 收集肺泡巨噬细胞

从 SPF 猪或确证无 PRRSV 感染的猪群收集肺脏，最好用 8 周龄以下的猪。巨噬细胞应采自当天屠宰猪的肺脏。猪肺用约 200mL 灭菌 PBS 灌洗 3~4 次，灌洗液 300g 离心 10min，所得巨噬细胞重悬于 50mL PBS，离心（洗涤）2 次，最终沉淀悬浮于 50mL PBS，计数以测算细胞浓度，所获新鲜巨噬细胞应立即使用，或按标准程序储存在液氮中，终浓度约为 6×10^2 个细胞 /1.5mL，各批巨噬细胞不可混合。

1.1.2 肺泡巨噬细胞批次检验

每批巨噬细胞均应在检验有效后再使用。用已知滴度的标准 PRRSV 感染巨噬细胞，在长成的新巨噬细胞平板上，用已知阳性和阴性血清进行免疫过氧化酶单层试验（IPMA）。只有标准 PRRSV 生长到其特定滴度（$TCID_{50}$ 或 50% 组织细胞感染剂量）后，方可使用巨噬细胞。肺泡巨噬细胞和用于培养基的胎牛血清（FBS）应无瘟病毒。

1.1.3　用肺泡巨噬细胞分离病毒

取肺泡巨噬细胞，加到平底组织培养微量滴定板各孔。待细胞吸附后，接种病料样本。样本可为血清或 10% 组织悬液（如扁桃体、肺、淋巴结、脾等）。一般培养 1~2d 后，巨噬细胞出现细胞病变反应（CPE），但有时病毒没有 CPE 或需重复传代后才产生 CPE。培养 1~2d 或一旦观察到 CPE 后，需用特异性抗血清或单克隆抗体（MAb）进行免疫染色确认 PRRSV 的存在。

ⅰ）巨噬细胞接种微量滴定板。

解冻浓度为 6×10^7 个细胞 /1.5mL 的巨噬细胞小瓶，50mLPBS 洗涤一次，细胞悬液 300g 离心 10min（室温）。收集细胞于 40mL 含 1% 谷氨酰胺、10%FBS 和 1%~2% 抗生素的 RPMI（Rose-Peake Memorial Institute）1640 培养基中（生长培养基）。微量滴定板每孔加 100μL 细胞悬液（每瓶细胞按每孔加 1×10^5 个细胞的浓度计算，可接种 4 块板）。

ⅱ）用空白板制备样本稀释液（血清、10% 组织悬液）。

微量滴定板上每孔加生长培养基 90μL，A 和 E 排孔内加入 10μL 样本（双份 1/10 稀释）。摇板，从 A 和 E 排孔各取 10μL，分别加入 B 和 F 排孔内（1/100 稀释）。摇板，从 B 和 F 排孔各取 10μL，分别加入 C 和 G 排孔内（1/1000 稀释）。摇板，从 C 和 G 排孔内各取 10μL，分别加入 D 和 H 排孔内（1/10000 稀释）。摇板。病毒分离无须滴定，1/10 和 1/100 稀释是足够的。

ⅲ）样本培养。

从上述样本板每孔取 50μL 稀释样本，加入接种巨噬细胞的微量滴定板相应孔（第一代）。孵育 2~5d，每天观察 CPE。在第 2 天，将巨噬细胞接种新的微量测定板（见上），从第一代滴定板各孔取上清 25μL，加入新接种的滴定板相应孔（第二代）。培养 2~5d，每天观察 CPE 情况。

ⅳ）结果读取与解释。

如仅在接种第一代巨噬细胞的孔内出现 CPE，应视之为由病料毒性引起的假阳性。如第一和第二代巨噬细胞都出现 CPE，或仅第二代巨噬细胞出现 CPE，则认为是疑似阳性。所有无 CPE 的孔需用 PRRSV 阳性抗血清或 MAb 免疫染色，证实为 PRRSV 阴性。CPE 阳性样本则需稀释其上清样本或原样本，在巨噬细胞中培养 24~48h，用 PRRSV 阳性抗血清或 MAb 进行免疫染色予以证实。

ⅴ）用 PRRSV 阳性抗血清或 MAb 进行免疫染色。

按 B.2.1 所述，用 50μL 上清液或组织样本感染巨噬细胞，培养 24~48h。另将

PRRSV 阳性血清用缓冲液适当稀释，采用 B.2.1 或 B.2.2 所述方法进行巨噬细胞免疫染色。

1.2 RNA 检测方法

反转录聚合酶链反应（PT-PCR）是一种最常用的检测 PRRSV 核酸诊断方法，包括嵌套 PT-PCR 和实时定量 PT-PCR（Kleiboeker 等，2005；Wernike 等，2012a，2012b）。PT-PCR 的优点是特异性强和敏感性高，以及感染状况的快速评估。然而，该技术不能将灭活病毒与感染性病毒区别开来。PT-PCR 检测常用于组织和血清中核酸的检测。研究表明，唾液检测也可作为基础诊断提供可靠的结果（Kittawornrat 等，2010）。另一种广泛用于检测 PRRSV 感染的样本是仔猪去势和断尾过程中收集的组织渗出液（Zimmerman 等，2019）。上述检测方法在以下情况下更适用：如精液检验（Christopher Hennings 等，1997）、组织样本部分降解自溶等病毒的分离不适用时。大部分实验室自制方法和现有商品化的试剂盒可用于 1 型和 2 型检测（Kleiboeker 等，2005；Wernike 等，2012a，2012b）。使用 PT-PCR，假阴性结果与病毒遗传多样性有关，引物和探针的不匹配是应关注的主要问题。目前，没有一个单一的 PT-PCR 能够检测所有毒株，尤其是高度多样化的欧洲 PRRSV-1 亚型 2-4。应仔细评估 PT-PCR 结果，强烈建议基于最近流行的 PRRSV 毒株进行持续验证（Wernike 等，2012a）。与实时 PT-PCR 不同，反转录 - 环介导等温扩增技术（RT-LAMP）是一种不需要相应设备的替代技术（Zimmerman 等，2019）。所有这些核酸检测都比病毒分离快，不需要细胞培养基础设施。

以下列出的基于琼脂糖凝胶电泳技术的 PT-PCR 方法和基于特殊荧光标记的探针技术的实时 PT-PCR 可应用于 PRRSV-1 和 PRRSV-2 的鉴别诊断，列出的引物序列可广泛应用于不同 PRRSV 毒株的检测（Wernike 等，2012a）。然而，依赖 PT-PCR 方法进行诊断时，重要的是确定当地流行毒株的基因序列，并在必要时对检测使用引物和探针序列进行调校。循环条件应根据反应混合物的成分、酶特性和所用的 PCR 仪进行调整。每次试验应设立阳性对照（PRRSV-1 和 PRRSV-2）和阴性对照。建议使用其他的控制措施包括阳性和阴性提取过程的控制措施以及实时 PCR 的内部控制措施。尽可能地减少污染，尤其是在 RNA 提取、反应混合体系配置、RNA 模板添加、凝胶电泳过程中。

1.2.1 PT-PCR 检测

ⅰ）RNA 提取。

ⅱ）反转录。

反转录的反应条件为 30min，50℃，或直接采用一步法 PT-PCR。

ⅲ）一步法 PT-PCR 反应液的准备（总体积为 25 μL）。

PT-PCR 反应液：1× 缓冲液，$MgCl_2$ 终浓度为 2.5mmol/L。

dNTPs：终浓度为 0.4mmol/L。

上游引物、下游引物：终浓度为 0.5 μmol/L。

引物序列根据 PRRSV ORF7-3 ' UTR 部分设计（Wernike 等，2012a）：

上游引物 5 ' -ATG-GCC-AGC-CAG-TCA-ATCA-3 '；

下游引物 5 ' -TCG-CCC-TAA-TTG-AAT-AGG-TGA-CT-3 '。

PT-PCR 酶混合液：推荐的工作浓度。

RNA 模板：5 μL。

补充 DEPC 水至 25 μL。

ⅳ）反应条件。

反转录，50℃、30min。

反转录酶失活和聚合酶激活（取决于酶的特性）。

35 个循环：

变性，94℃，30s；

退火，55℃，40s；

延伸，72℃，50s；

最后延伸，72℃，10min。

ⅴ）凝胶电泳。

反应产物采用 1.5% 的琼脂糖凝胶电泳，EB 染色（溴化乙锭或其等同物），反应产物在紫外灯下观察。PRRSV-1、PRRSV-2 反应产物的电泳条带长度不同，分别为 398bp 和 433hp。

1.2.2　定量 PT-PCR 检测

ⅰ）RNA 提取。

ⅱ）反转录。

反转录的反应条件为 30min，50℃，或直接采用一步法 PT-PCR。

ⅲ）使用适合水解的探针的试剂制备反应混合物进行检测。通常采用 25 μL 的反应体系，包括 2~5 μL RNA 模板，上、下游引物（终浓度为 0.4 μmol/L），探针（浓度为 0.2 μmol/L）。引物探针序列如下（Wernike 等，2012a）。

PRRSV-1（ORF6，ORF7）：

EU-1 Forward primer 5′-GCA-CCA-CCT-CAC-CCR-RAC-3′；

EU-2 Forward primer 5′-CAG-ATG-CAG-AYT-GTG-TTG-CCT-3′；

EU-1 Reverse primer 5′-CAGTTC-CTG-CRC-CYT-GAT-3′；

EU-2 Reverse primer 5′-TGG-AGD-CCT-GCA-GCA-CTT-TC-3′；

Probe EU-1 5′-（6-FAM）-CCT-CTG-YYT-GCA-ATC-GAT-CCA-GAC-（BHQ1）；

Probe EU-2 6-FAM-ATA-CAT-TCT-GGC-CCC-TGC-CCA-YCA-CGT-BHQ1。

PRRSV-2（ORF7，3′UTR）：

NA Forward primer 5′-ATR-ATG-RGC-TGG-CAT-TC-3′；

NA Reverse primer 5′-ACA-CGG-TCG-CCC-TAA-TTG-3；

NA Probe 5′-（TEX）-TGT-GGT-GAA-TGG-CAC-TGA-TTG-ACA-（BHQ2）-3′。

iv）一步法实时定量 PT-PCR 反应。

反转录：50℃，30min。

反转录酶失活 / 聚合酶激活：95℃，15min。

45 个循环：

变性，94℃，15s；

退火，60℃，60s；

延伸，72℃，10s；

最后延伸，72℃，10min。

v）结果判定。

结果符合以下情况可以判定为阳性。

ⓐ 出现典型的扩增曲线。

ⓑ PRRSV-1 和 PRRSV-2 专用检测通道中的荧光应超过由阈值线指示的背景荧光（由于探针降解，最后几个循环中可能出现非特异性荧光）。荧光信号超过阈值线所需的周期数表示为 CT 值。

ⓒ 阳性对照出现特异性的扩增曲线，阴性对照样本无扩增信号。

如果不符合上述条件，应重新进行检测试验。

1.3　其他方法

虽然很少用于诊断，但原位杂交法能够应用于福尔马林固定组织中 PRRSV-1 和

PRRSV-2 的鉴别诊断。该检测方法检测 PRRSV 基因组的敏感性和特异性可能会受到 PRRSV 高度遗传多样性的影响，特别是 PRRSV-1。免疫组织化学检测方法可用于识别福尔马林固定组织上的病毒蛋白，可使抗原和组织学病变可视化（Zimmerman 等，2019）。

Zimmerman 等建立了 PCR 扩增产物的限制性片段长度多态性（RFLP）分析方法用于区分临床和疫苗 PRRSV 分离株（Zimmerman 等，2019）。然而，这种方法已被证明在确认毒株之间的遗传关系及其致病性方面的价值有限。尽管 RFLP 仍在使用，如用于确认病毒在畜群近距离传播的流行病学关系，但其应用越来越多地被测序取代，测序可用于研究分子流行病学和 PRRSV 毒株之间的遗传相关性。测序还可有助于防控策略的制定，如作为监测畜群层面病毒随时间变化和区分野生型和疫苗毒株的工具（Zimmerman 等，2019）。

用于测序的最常见目标基因是高度可变的编码病毒中和相关的糖蛋白（GP5）的 ORF5 基因。然而，603/606nt 的基因长度，只覆盖了 4% 的病毒基因组和 12% 的结构基因。ORF5 序列系统发育水平的分类与病毒致病性或交叉保护没有相关性。因此，这种方法不能用于毒株毒力评估或最有效疫苗的选择。此外，在现场观察到的高重组率可能会影响基于这种短基因组片段的系统发育分析结果，导致重组毒株的错误分类（Martin-Valls 等，2014）。

尽管存在这些问题，PRRSV 毒株 ORF5 测序并与公共数据库中 ORF5 序列进行比对，被广泛用于 PRRSV 基因结构的研究。大多数报道的 PRRSV 系统发育研究均基于 ORF5 区域的数据，但比较分析表明，全基因组测序有助于更好地了解病毒进化、提高流行病学监测水平和毒株的分类（Lalonde 等，2020；Martin Valls 等，2014）。目前关于 PRRSV 全长基因组序列的数据有限，但高通量测序技术的迅速发展促进了这一领域研究的发展。

ⅰ）引物序列。

文献中提供了适用于 ORF5 测序的多对引物序列（Wernike 等，2012a）。由于 PRRSV 的高度遗传多样性和点突变，一些引物可能不是某些毒株的最佳引物。当 PCR 检测出现漏检时，则应使用另一套引物。

以下是 Balka 等（2018）使用的一组引物。

PRRSV-1：

上游引物 5′-TTC-ACA-GAT-TAT-GTG-GCC-CAT-GTG-AC-3′

（或 5′-GCG-TYA-CRG-ATT-ATG-TGG-CYC-AYG-T-3′）；

下游引物 5'-CGY-GAC-ACC-TTR-AGG-GCR-TAT-ATC-AT-3'。

PRRSV-2：

上游引物 5'-GTC-AAY-TTT-ACC-AGY-TAY-GTC-CAA-CA-3'；

下游引物 5'-AGR-GCA-TAT-ATC-ATY-ACY-GGC-GTG-TA-3'。

ii）从含 PRRSV 量比较高的体液或组织样本中分离 RNA。

iii）使用适当的缓冲液和一步法 PT-PCR 酶混合物制备反应液（或分别进行反转录和 PCR 反应）。每个反应使用 10pmol 的上游引物、下游引物。如果在缓冲液中没有预混合，则添加 dNTPs 至最终浓度 400μmol/L。可选择添加推荐浓度的 RNA 抑制剂。补充与无 RNA 酶的水，每个反应体系的总体积为 25μL。

iv）将 22μL 制备的反应混合物分装到 PCR 管中，添加 3μL 样本 RNA。分别添加阳性对照和阴性对照样本相应的反应管中。

v）一步法 PT-PCR 反应程序，50℃，30min；95℃，15min；35 个循环（94℃，1min；55℃，1min；72℃，1min）；72℃，10min（反应温度应根据不同的酶和反应体系进行调整）。

vi）在 1.5% 琼脂糖凝胶上电泳后，与阳性对照和 Marker 进行比较，检查待检样本是否出现预期长度的反应条带。

vii）将 PCR 产物进行进一步纯化、测序和系统发育分析。

2 血清学检测

检测 PRRSV 血清抗体有多种方法。一般而言，在群体水平进行血清学诊断较易操作，且特异性强、敏感性高。在单一时间点收集的血清可能具有有限的诊断价值，因为结果可能会受到母体抗体或先前疫苗接种的影响。为了诊断个体动物的活动性感染，可检测急性和恢复期血清样本，以证明血清学转换效果。血清学检测一般采用联合试验，如免疫过氧化物酶单层试验（IPMA）、免疫荧光试验（IF）或酶联免疫吸附试验（ELISA），已有不少相关报道（Diaz 等，2012；Jusa 等，1996；Sorensen 等，1998；Venteo 等，2012；Yoon 等，1992）。这些试验常用一种特定抗原型的病毒抗原，对其他抗原型病毒抗体的敏感性可能较低。丹麦广泛使用阻断 ELISA 方法，并描述了能用 1 型和 2 型病毒作为抗原的双夹心 ELISA 法，可区别这两个型的血清学反应（Sorensen 等，1998）。这一点非常重要，因为在基于 PRRSV-2 的改良活疫苗使用和独立引进后，PRRSV-2 毒株在欧洲流行（Stadejck 等，2013）。在北美和亚洲也有识别 PRRSV-1 毒株的报道（Kleiboeker 等，2005；Zimmerman 等，2019）。对欧洲的 PRRSV-2 感染、北美和亚洲的 PRRSV-1 感染的流行情况没有充分资料。鉴于这两种 PRRSV 在全球传播，血清学检测应包含两个型的抗原。具有良好敏感性和特异性的商业化 ELISA 试剂盒已上市，并进行了适用性比较（Biernacka 等，2018；Diaz 等，2012；Venteo 等，2012）。

感染后 7~14d 即可应用抗体结合试验检出抗病毒抗体，30~50d 抗体滴度达到高峰。一些猪在感染后 3~6 个月血清转阴，而其他猪血清阳性维持较久。在肌肉渗出物和口腔液中也能检测到 PRRSV 抗体。猪感染后中和抗体出现较慢，滴度也不高，可在感染后 3~4 周检出，可持续 1 年或更长时间，或一直未被检测到。据报道，血清中和试验中使用补体能提高敏感性（Jusa 等，1996）。尚未广泛深入地研究病猪感染后血清阳性持续的时间，研究结果可能随试验方法而异。母源抗体半衰期为 12~14d，一般在出生后 4~8 周仍可检测到，这主要取决于母猪产仔时的抗体滴度及所用的试验方法。在感染环境中，血清阳性母猪所产仔猪能在 3~6 周龄时血清转阳。

本章将详细介绍 IPMA。用巨噬细胞分离病毒的实验室很易进行该试验，并可用于两种病毒型的检测。这种试验也适用于用 Marc-145 细胞系增殖的欧洲型和美洲型病毒（Jusa 等，1996）。此外，用 Marc-145 细胞做间接免疫荧光试验（IFA），也可用于 PRRSV 的血清学检测，具体内容详见本章。

2.1　免疫过氧化物酶单层试验（IPMA）检测抗体

将肺泡巨噬细胞加到微量滴定板各孔，待细胞吸附后，接种 PRRSV，使每孔仅引起 30%~50% 的细胞感染，以区别非特异性反应。孵育后固定细胞，作为底物进行血清学检测，也可使用 Marc-145 细胞代替巨噬细胞。每块板可检测 11 个双份血清。稀释被检血清，加入各孔中反应。如待检血清中存在抗体，则与巨噬细胞胞质中的抗原结合。在下一步孵育阶段，采用辣根过氧化酶（HRPO）标记的抗病毒抗体，测定结合的抗体。最后，细胞与显色液 / 底物⊖溶液共同培养，用倒置显微镜读取结果。

⊖　配制显色液。
　　显色液存储液，即氨乙基咔唑（AEC）；（a）4mg AEC；（b）lmLN，N- 二甲基酰胺。在（b）中溶解（a）。母液在 4℃暗处储存。
　　配制显色液 / 底物溶液（现用现配）。
　　配制 0.05mol/L 醋酸钠缓冲液（pH5.00）；4.1g 醋酸钠溶于 1L 蒸馏水，用纯醋酸调 pH 至 5.00。取 AEC 存储液 1mL，加于 19mL 的 0.05mol/L 醋酸钠溶液中。每 20μL 显色剂 / 底物溶液加 10μL 30% H_2O_2。5μm 滤纸过滤。

2.1.1 微量滴定板上加巨噬细胞

ⅰ）将含 6×10^7 个巨噬细胞 /1.5mL 的小瓶解冻。

ⅱ）50mL PBS 洗涤细胞一次，细胞悬液在室温下 300g 离心 10min。

ⅲ）收集细胞，置于 40mL 每 1mL 含 1% 谷氨酰胺、10%FBS 和 100IU 青霉素和 100μg 链霉素的 RPMI 1640 培养基中（生长培养基）。

ⅳ）微量滴定板每孔加细胞悬液 100μL（按每孔加 1×10^5 个细胞计算，一小瓶细胞可接种 4 块微量板）。

ⅴ）滴定板置于含 5% CO_2 的保湿恒温箱内，37℃孵育 18~24h。也可在培养基内加 HEPES（羟乙基哌嗪乙磺酸）缓冲液。

2.1.2 PRRSV 感染细胞

ⅰ）每孔加 50μL 含 1×10^5 $TCID_{50}$/mL 的病毒悬液，留 2 孔不加病毒悬液作为对照。

ⅱ）置 5% CO_2 培养箱 37℃培养 18~24h。

2.1.3 细胞固定

ⅰ）弃去细胞生长液，用盐水冲洗培养板一次。

ⅱ）培养板在毛巾上轻轻拍干，开盖，37℃干燥 45min。

ⅲ）培养板（无盖）–20℃冷冻 45min（如不立即进行试验，必须将板封严，–20℃冻存）。

ⅳ）用含 4% 多聚甲醛的冷 PBS 处理细胞，室温放置 10min。另外，也可将细胞用冰冷的无水乙醇于 5℃固定 45min，或置冰冷的 80% 丙酮中固定 45min。

ⅴ）弃去多聚甲醛，盐水洗板一次。

2.1.4 用稀释板稀释血清

ⅰ）在空板的 A 和 E 排各孔加 180μL 含 4% 马血清和 0.5% 吐温 –80 的 0.5mol/L NaCl（pH7.2，稀释缓冲液）。

ⅱ）其余各孔均加稀释缓冲液 120μL。

ⅲ）在 A 和 E 排各孔内加入被检血清或对照血清 20μL（1/10 稀释），摇动。

ⅳ）从 A 和 E 排孔内各取 40μL，分别加入 B 和 F 排孔，按四倍梯度稀释血清，以此类推做 1/40、1/160 和 1/640 稀释。

2.1.5 在固定巨噬细胞板上孵育血清

ⅰ）从空白板每孔中取 50μL，加入固定有巨噬细胞的滴定板相应孔内，封板后

37℃孵育 1h。

ⅱ）弃去血清稀释液，用 0.15mol/L NaCl+0.5% 吐温 –80 洗板 3 次。

2.1.6　加结合物

按预定稀释度，用 0.15mol/L NaCl ＋ 0.5% 吐温 –80 稀释兔抗猪（如用单抗，则用抗鼠二抗）HRPO 结合物，取 50 μL 结合物稀释液，加入滴定板所有孔内，封板后 37℃孵育 1h，洗涤 3 次。

2.1.7　染色程序

ⅰ）在反应板所有孔加过滤的显色剂 / 底物（AEC）溶液 50 μL（见第 165 页脚注）。

ⅱ）室温作用至少 30min。

ⅲ）弃去 AEC，加入 50 μL 0.05mol/L 醋酸钠缓冲液，pH5.0（见第 165 页脚注）。

2.1.8　结果读取与判读

试验血清内如存在抗体，则板内各孔有 30%~50% 的细胞质被染成深红色。阴性对照血清的胞质未被染色。血清非特异性反应可使整孔细胞染色（与阳性对照血清比较）。血清滴度以 ≥ 50% 孔染色的最高稀释度的倒数表示。血清滴度 <10 为阴性，10~40 为弱阳性，非特异性染色常在此范围内，滴度 ≥ 160 为阳性。

2.2　间接免疫荧光试验（IFA）检测抗体

尽管尚无一个公认的标准免疫荧光检测方法，但北美的一些实验室已开发并使用了若干方案。可用 Marc-145 细胞系和适应 Marc-145 细胞系的 PRRSV 分离株，在微量滴定板或 8 孔载玻片上进行 IFA 试验。为防止与瘟病毒的交叉反应，培养基中加入的细胞和 FBS 不应含瘟病毒。孵育一段时间后，固定感染 PRRSV 的细胞，作为血清学试验的细胞底物。据报道，在 1/20 的单一血清稀释度下，待检样本可能产生阴性或阳性结果。在固定有 PRRSV 感染细胞的孔内加入待检猪血清。如待检血清中含有 PRRSV 抗体，则与感染细胞胞质中的病毒抗原结合。随后加入抗猪 IgG 荧光结合物，会与结合 PRRSV 抗原的抗体结合，从而证明感染细胞中存在 PRRSV 抗原。可用荧光显微镜观察这一结果。微量滴定板也可用于血清效价滴定（见 B.2.3）。

2.2.1　在微量滴定板中滴加及感染 Marc-145 细胞

ⅰ）用多道移液器在 96 孔板第 2、4、6、8、10 及 12 列加入 50 μL 无 FBS 的细胞培养基，如最低必需培养基（MEM），并含 2mmol/L L- 谷氨酰胺、1mmol/L 丙酮酸钠、

100IU 青霉素和 100μg 链霉素。

ii）消化单层 Marc-145 细胞（在瓶中培养），细胞重悬于含 8%FBS 的培养基中，浓度为 100000~125000 个细胞/mL，加到 96 孔微量板。用于 IFA 的 Marc-145 细胞每周用胰酶/EDTA（乙二胺四乙酸）消化一次，在培养瓶中培养，浓度为 250000 个细胞/mL。培养 4d 后，换用含 2%FBS 的新鲜培养基，再培养 3d。

iii）用多道移液器在 96 孔板各孔中加入 150μL 细胞悬液。

iv）用不含 FBS 的 MEM 稀释 PRRSV 至 $10^{2.2}$TCID$_{50}$/50μL，96 孔板第 1、3、5、7、9 及 11 列各孔中加 50μL。

v）在 37℃含 5%CO$_2$ 的培养箱内孵育 48~72h，用 IFA 确定细胞的感染率为 40%~50%。也可先在微量滴定板上加 Marc-145 细胞（如加入含 5%~10%FBS 的培养基细胞，浓度为 100000 个细胞/mL），孵育细胞 72h 直到形成单层。各孔中加 50μL PRRSV 液（如 1×10^5TCID$_{50}$/mL），孵育 48~72h 后固定。若无 CO$_2$ 培养箱，建议用 HEPES 组织缓冲液，以稳定培养液的 pH。

2.2.2 在 8 孔玻板中滴加及感染 Marc-145 细胞

i）8 孔玻板各孔中加入 500μL 100000 个细胞/mL 的 Marc-145 细胞悬液（如用含 10% FBS 的 MEM 培养基）。

ii）在 37℃含 5% CO$_2$ 的培养箱内孵育 48~72h，直到形成单层。

iii）各孔中加 50μL 滴度为 1×10^5 TCID$_{50}$/mL 的 PRRSV 悬液，在 37℃含 5% CO$_2$ 的培养箱内培养约 18h。此时，用间接免疫荧光检测可观察到每个视野中有 15~20 个感染细胞。

2.2.3 细胞固定

i）弃去培养基，PBS 洗细胞一次，弃去 PBS。若用 8 孔培养板，去掉塑料垫片，并保持盖玻片完整。

ii）96 孔板各孔加 150mL 冷丙酮（4℃的 80% 溶液），4℃作用 30min。若用 8 孔玻板，室温下用丙酮（80%~100% 溶液）固定 10~15min。一些品牌的丙酮可能破坏培养板的性能，因此，进行常规固定前应首先检查丙酮的质量。

iii）弃去丙酮，室温干燥培养板。

iv）将板装在塑料袋内，密封后 –70℃冻存备用。培养玻板可置板盒内存放。

2.2.4 血清稀释

i）在 96 孔板上用 PBS（0.01mol/L，pH7.2）以 1/20 稀释血清样本（如用多道移液器加 190 μL PBS，随后加入 10 μL 待检血清）。

ii）试验中包括已知效价的 PRRSV 阳性与阴性对照血清。

2.2.5　血清与固定的 Marc-145 细胞反应

i）取出 –70℃冻存的反应板，达到室温后，用 150 μL PBS 浸润几分钟，倒转滴定板，弃去 PBS 液，用纸巾吸干。8 孔玻板无须做浸润处理。

ii）固定的非感染和感染细胞孔内分别加 50 μL 每个稀释度的待检血清。8 孔玻板也同样处理。

iii）以同样方式加入 50 μL 阳性与阴性对照稀释血清。

iv）封板后置湿盒，37℃作用 30min。8 孔玻板置盒中以同法处理，或加盖后处理。

v）弃去血清样本，用纸巾吸干板上的残液，200 μL PBS 洗板 6 次，倒置滴定板，弃去 PBS。8 孔玻板在弃去血清样本后，用 PBS 洗 10min。

2.2.6　加结合物

i）用多道移液器在滴定板各孔加入 50 μL 经适当稀释（用新配的 PBS 稀释）的与 FITC（异硫氰酸荧光素）结合的兔、鼠或羊抗猪 IgG（重链和轻链）。8 孔玻板各孔加同样体积。

ii）培养板或玻板加盖后，置湿盒中 37℃作用 30min。

iii）弃去结合物溶液，用纸巾吸干板上的残液，PBS 如上所述洗板 4 次。8 孔玻板同样弃去结合物，用 PBS 和蒸馏水洗涤 10min，在吸附垫上轻拍，除去多余水分。

iv）用荧光显微镜观察滴定板和 8 孔玻板。

2.2.7　结果读取与判读

若在感染细胞胞浆中发现绿色荧光，而非感染细胞中没有荧光，则表明待检血清中存在 PRRSV 抗体。荧光的密集程度取决于待检血清中 PRRSV 特异性抗体的含量。

若在感染细胞和非感染细胞中都没有特异性绿色荧光，可判断稀释血清中无 PRRSV 抗体。若感染细胞中用阳性对照血清观察不到荧光，或感染细胞中用阴性对照血清却有荧光出现，则必须重复试验。在非感染细胞中，无论用何种对照血清均不能出现荧光。任何待检血清如出现可疑结果，则应在 1/20 稀释度下重新检测。若结果仍不明确，则需重新采集同一动物的血清样本做进一步检测。

2.3　用 IFA 试验评估血清抗体效价

微量滴定板和 IFA 试验也可用于血清滴定。一块 96 孔板一次可滴定 16 份血清。

2.3.1　程序

ⅰ）96 孔板接种 Marc-145 细胞（每孔细胞量为 1×10^4 个）或 PAM 细胞（每孔细胞量约为 1×10^5 个），置 37℃含 5%CO₂ 的加湿培养箱中，直至长满单层。

ⅱ）除第 1、6 和 11 列孔外，每孔接种浓度大约为每孔可以感染 100 个细胞的 PRRSV 悬浮液（以方便读取结果），置 37℃含 5% CO₂ 的加湿培养箱中培养 48~72h。

ⅲ）弃去培养液，PBS（0.01mol/L，pH7.2）洗单层细胞一次，室温下用冷丙酮（80% 水溶液）固定单层细胞 10min。弃去丙酮，室温干燥滴定板，密封后可在 −20℃ 短期保存或 −70℃ 长期冻存备用。

ⅳ）从 1/16 或 1/20 开始，用 PBS 对待检血清及 PRRSV 阳性对照血清做四倍系列稀释，阴性对照也同法处理。取 50μL 每一稀释度血清（1/16、1/64、1/256 和 1/1024，或 1/20、1/80、1/320 和 1/1280），加到含病毒抗原的第 2、3、4、5 列或第 7、8、9、10 列各孔中。每个血清对照孔（即第 1 和 6 列孔）加 1/16 或 1/20 稀释度血清 50μL。第 11 和 12 列的阳性和阴性对照血清同样加 1/16 或 1/20 稀释度血清 50μL。

ⅴ）置湿盒内 37℃作用 30min，弃去血清，PBS 洗板 3 次。

ⅵ）加 50μL 适当稀释的 FTTC 结合抗猪 IgG，置湿盒中 37℃作用 30min。弃去结合物溶液，洗板数次，用吸水材料除去多余液体。

2.3.2　结果读取与解释

荧光显微镜检查结果，记录高稀释度下有典型胞质荧光的血清效价。血清效价为最高稀释度的倒数。对于双份血清，2 周内血清滴度增加 4 倍意味着动物已被感染。在非感染对照细胞中，用待检血清、阳性和阴性对照血清均不应检测到特异性荧光。感染细胞用阴性对照血清不应观察到特异性荧光。感染细胞用适当稀释的阳性对照血清应可观察到特异性荧光。不同实验室的 IFA 判断标准可能不尽相同。由于抗原不同，试验结果也取决于所用的 PRRSV 毒株。

2.4　ELISA 检测抗体

ELISA 是检测 PRRSV 特异性抗体最常用的一种方法，具有快速、特异、敏感等特点，一些实验室已开发了 ELISA 方法（间接或阻断 ELISA）用于血清学检测（Diaz 等，2012；Sorensen 等，1998；Venteo 等，2012），一种双阻断 ELISA 可用于区分 1 型和 2 型病毒（Sorensen 等，1998）。此外一项新的研究报道证实 ELISA 检测可以区分经典 2 型 PRRSV 病毒感染和高致病型 2 型 PRRSV 病毒感染（Xiao 等，2014）。商品化 ELISA 试剂盒可用于检测猪群中 PRRSV 抗体，同时也可检测口腔分泌物

（Kittawornrat 等，2010；Venteo 等，2012）。这些试剂盒采用 1 型或 2 型单独抗原，或二者兼有，主要优点是可迅速处理大批血清样本。目前已开发出以两型 PRRSV 重组蛋白为抗原的商品化 ELISA 试剂盒。基于非结构蛋白 NSP1、NSP2 和 NSP7 的 ELISA 的潜在应用也已提出。研究表明，基于重组蛋白 NSP7 的 ELISA 试剂盒的性能与商品 ELISA 试剂盒相当，且可区分特异性体液免疫反应，并解决了商业试剂盒检测中 98% 的假阳性问题（Brown 等，2009）。ELISA 应在群体水平上应用。

2.4.1　抗原制备和包被

同时针对两种病毒株的 ELISA 方法，应使用来自 PRRSV-1 和 PRRSV-2 毒株的混合抗原，最好是纯化的重组抗原（如重组核衣壳蛋白），详见（Chu 等，2009；Seuberlich 等，2002）。此外，还可通过一系列超速离心步骤浓缩感染细胞上清液，然后将抗原颗粒溶解在 0.2%TritonX-100 中，制备高质量的抗原（Cho 等，1996）。这里描述的是基于直接从病毒感染的猪肺泡巨噬细胞（PAMs）原代培养中收集抗原的方法，该 ELISA 更简单、成本更低（Albina 等，1992）。对于 PRRSV-2 毒株，也可使用 Marc-145 或 MA-104 连续传代细胞（Cho 等，1996）。

ⅰ）按照 B.1.1.1 和 B.1.1.2 中的说明准备 PAM 培养。

ⅱ）将 15×10^6 巨噬细胞接种到 $25cm^2$ 的细胞培养瓶中，在添加有 10% 胎牛血清和 1% 抗生素抗霉菌溶液的 RPMI1640 培养液中，37℃、湿化 5%CO_2 孵育培养 5h。更换培养液以消除未附着的细胞，培养 20h。

ⅲ）按照每 40~80 个细胞感染 1 个病毒颗粒的比例，加入 PRRSV 分离株。

ⅳ）当病毒诱导的细胞病变效应达到最大时，通常是在 PRRSV 感染后 3~4d，将烧瓶进行 2 到 3 次冻融循环。

ⅴ）800g 离心 10min，分装上清液，置于 –70℃冷冻保存。

ⅵ）同时制备由非感染巨噬细胞培养物组成的模拟抗原。

ⅶ）用棋盘滴定法确定抗原（经丙内酯灭活）的适当稀释度：用阳性对照血清和阴性对照血清对阳性抗原和模拟抗原进行滴定，以确定阳性对照的最高信号和阴性对照的最低信号。

ⅷ）通过对已知特性的样本进行初步测试，确定待检样本的适当稀释度和阈值。血清用饱和缓冲液稀释（PBS 中添加 10% 的 FBS 和 2% 的脱脂牛奶）。

ⅸ）将在 PBS 中适当稀释的阳性和模拟抗原加到聚苯乙烯 96 孔微滴定板的交替柱中，37℃下包被 1h，然后 4℃下过夜。

2.4.2 检测程序

ⅰ）用 PBS- 吐温 -20（0.1%）洗板 3 次，去除多余的蛋白质。

ⅱ）在一个阳性抗原和一个模拟抗原孔中加入 100 μL 适当稀释度的待检血清。

ⅲ）在阳性抗原和模拟抗原平行孔中加入 100 μL 阳性和阴性对照血清。

ⅳ）37℃下孵育 1h。

ⅴ）用 PBS- 吐温 -20 洗板 3 次。

ⅵ）将 100 μL 兔抗猪辣根过氧化物酶结合物以适当的稀释度加入每个孔中，在 37℃下孵育 30min。

ⅶ）用 PBS- 吐温 -20 洗板 3 次。

ⅷ）每孔加入 100 μL 底物溶液（如四甲基联苯胺），在室温下孵育 15min。

ⅸ）加入 50 μL1N 硫酸停止反应。

ⅹ）在 450nm 波长下读取光密度（OD）。

ⅺ）平板验证：根据阳性抗原孔 OD 减去模拟抗原孔 OD 的差值，计算每个样本的△OD 值。阳性对照血清的△OD 减去阴性对照血清的△OD>0.5。计算阳性对照和阴性对照的平均△OD 值。根据接受的格式，结果可表示为 P/N 比（阳性抗原 OD/ 模拟抗原 OD）或 S/P 值（△OD 样本 / △OD 阳性对照）。

C. 疫苗

1 背景

许多国家都批准了 PRRSV 改良活疫苗（MLV）和灭活疫苗的使用与销售，以控制繁殖型和 / 或呼吸型 PRRS。据推测，所用疫苗与流行野毒株的抗原性很接近时，猪群能得到最有效的保护。然而，目前还没有可预测疫苗的功效。虽然对猪进行疫苗接种并不能预防 PRRSV 感染，但在猪群感染 PRRSV 可能有帮助。一种灭活疫苗已被批准使用，用于减少繁殖型 PRRS 引起的流产和弱仔。未成年的猪群或繁殖年龄的公猪不宜采用 MLV 疫苗。疫苗毒能在公猪体内持续存在，并通过精液传播（Christopher-Hennings 等，1997）。可排出 MLV 疫苗毒并感染未免疫猪或后代（Zimmerman 等，2019）。生物技术疫苗正在开发中，但尚未上市。本手册 1.1.8 介绍了兽用疫苗生产原则。下文和 1.1.8 内容均为一般性原则，各国和各地区的具体要求可作为其补充规定。

2　常规疫苗生产和最低要求纲要

2.1　种毒特性

2.1.1　生物学特性

用于生产疫苗的 PRRSV 分离株必须记录其来源和组织培养传代历史。原始种毒（MSV）对预期接种年龄的猪必须是安全的，且对攻毒有保护力。必须证明生产 MLV 疫苗用的分离株经宿主动物传代后毒力不会返强。建议确定 PRRS MSV 的全基因组序列。该参考序列可用于控制 PRRS MLV 在生产过程中或在体内连续传递过程中的遗传稳定性。

2.1.2　质量要求（无菌、纯净、无外源因子污染）

MSV 必须无细菌、真菌和支原体污染。必须通过荧光抗体技术检测，证明 MSV 无外源病毒，包括传染性胃肠炎病毒、猪呼吸道冠状病毒、猪流行性腹泻病毒、猪腺病毒、猪圆环病毒 1 型和 2 型、猪血凝性脑炎病毒、猪细小病毒、牛病毒性腹泻病毒、呼肠孤病毒和狂犬病病毒。还必须在 VERO 细胞系和猪胚胎细胞上检查，确认 MSV 无外源病毒引起的 CPE 和血细胞吸附作用。作为培养的补充，PCR 也可用于检测外来病毒。

2.2　制备方法

2.2.1　步骤

用继代细胞系如 Marc-145（或 MA-104）细胞增殖 PRRSV。除非进一步传代证明能提供保护力，否则 MSV 培养不得超过 5 代。

细胞系接种在适当容器内，加入含 FBS 的 MEM 作为生产培养基。用 PRRS 工作种毒直接接种细胞培养物。工作种毒通常是 MSV 的 1~4 代毒。接种后 1~8d 收集培养液。培养期间，每天检查有无 CPE 和细菌污染。

灭活疫苗以甲醛或二乙烯亚胺化学灭活后加适当佐剂制备而成。MLV 疫苗通常加稳定剂后分装冻干。若用甲醛作灭活剂、应检测成品中残留的甲醛浓度，不应超过 0.74g/L。

2.2.2　对底物和培养基的要求

FBS 必须不含瘟病毒或瘟病毒抗体，也无牛海绵状脑病风险。

2.2.3　过程控制

必须用组织培养滴定每批 MLV 的 PRRS 疫苗毒和灭活疫苗毒，以标化产品。滴度较低的批次可离心浓缩，或与滴度较高的批次混合，以达到要求滴度。

2.2.4　成品批次检验

从分装后的成品取样，进行纯净性、安全性和效力检验，还应检验 MLV 瓶的最高允许湿度。

ⅰ）无菌和纯净。

需对样本进行细菌、真菌和瘟病毒污染检测。进行 MLV 细菌检测时，取 10 个容器，每个容器装有 120mL 大豆酪蛋白消化培养液，分别接种 10 个成品疫苗样本各 0.2mL，30~35℃培养 14d，检查是否有细菌生长。如检测真菌，取 10 个各含 40mL 大豆酪蛋白消化培养液的容器，分别接种 10 个疫苗样本各 0.2mL，20~25℃培养 14d，检查是否有真菌生长。检验灭活疫苗时，取 10 个成品疫苗样本各 0.1mL，接种 10 瓶适当的培养基。瘟病毒污染检测评估应根据本手册 1.1.9 "兽医用生物材料无菌和无污染检验"和 3.9.3 "古典猪瘟（古典猪瘟病毒感染）"进行。

ⅱ）安全性。

应尽可能避免靶动物或实验室动物进行成品疫苗的安全性试验。如果不能避免动物试验，则应按照 3R 原则进行。如果监管部门要求进行此类测试，可采用豚鼠、小白鼠或猪进行试验。

ⅲ）批次效力。

成品 MLV 疫苗样本用微量滴定板确定效价（$\log_{10}$）。

检测程序如下。

ⅰ）取 0.2mL 水苗和 1.8mL MEM，按 1×10^{-1} 到 1×10^{-5} 依次做 10 倍系列稀释，同时，内部阳性对照 PRRSV 应在适当范围内进行效价测定。

ⅱ）每个稀释度按 0.1mL/ 孔，加入 Marc-145 单层细胞的 96 孔板上的 5 个孔。

ⅲ）置 37℃、含 CO_2 的环境中孵育 5~7d。

ⅳ）显微镜观察每板的 CPE，阳性对照的 PRRSV 效价应在预定平均值上下 $0.3\log_{10}TCID_{50}$ 范围内。

ⅴ）采用 Spearman-Kärber 法测定 $TCID_{50}$/ 剂量。出厂滴度应比免疫原性试验滴度至少高 1.2logs，其中 0.5logs 是为了保证疫苗成品在保存期内的稳定性，0.7logs 是为了适应效力试验中的变化。

测定灭活疫苗的效力可用宿主或试验动物进行免疫 - 血清学试验或免疫 - 攻毒试验。也可使用 ELISA 抗原量化技术与成品进行标准比较的平行线测定，判定产品的相对效力。所用标准必须显示对宿主动物有保护力。

2.3　监管审批

2.3.1　安全性

ⅰ）靶动物和非靶动物的安全性。

应通过田间试验确定疫苗的安全性。每个试验点应包括未接种的"哨兵猪"、用于监测接种弱毒苗的猪是否向外排毒。

ⅱ）弱毒/活毒疫苗的毒力返强。

尽管确定 PRRSV 的毒力比较困难，但仍须证明 MSV 在宿主动物上传数代后毒力没有返强。致弱的 PRRSV 毒株能引起毒血症，并能传播给易感动物。用最接近于自然感染途径的接种方法在易感猪体内连传 5 代（因国家而异可传至 10 代），证明 MSV 对断奶仔猪和怀孕母猪均无害。

ⅲ）环境考虑。

不适用。

2.3.2　效力

ⅰ）动物生产。

通过免疫原性试验，应证明用于疫苗生产的 MSV 最高代次能保护易感猪抵抗不同强毒株的攻击。检测对呼吸型疫病的效力时，用最高代次 MSV 接种 3 周龄仔猪，2~16 周后用浓度大约为 $1 \times 10^5 TCID_{50}$ 的 PRRS 强毒株攻击，判定其抵抗 PRRS 呼吸型临诊症状的保护力。为测定疫苗对繁殖型 PRRS 的效力，免疫猪应于怀孕约 85d 时攻毒。鉴于接种疫苗可降低 PRRS 的发病比例，基于疫苗标签上的声明、计算受保护部分，与对照组比较，确定疫苗是否为免疫猪提供可接受的保护力，可抵抗繁殖型疫病的临诊症状，包括不应产木乃伊胎、死产和/或弱仔。由于 MLV 疫苗经常用于带有 PRRSV 特异性母源性抗体（MDA）的仔猪，应评估 MDA 对 MLV 疫苗效力的干扰。

在疫苗获得最后批准前，须进行免疫有效期试验。呼吸型 PRRS 疫苗的免疫期应持续至猪的上市日龄，繁殖型 PRRS 疫苗的免疫期应能使仔猪度过断奶期。

ⅱ）控制和根除。

不适用。

2.3.3　稳定性

所有疫苗的有效期均为 24 个月，随后需进行实时稳定性试验，以确认该有效期是否恰当。

在保质期内，应定期对多批 MLV 疫苗进行抗原滴度测定，以确定疫苗差异性。如滴度不足或差异较大，应调整成品滴度。

灭活疫苗到期时应重新进行体内效力检验，证明其稳定性。使用 ELISA 抗原量化技术的平行线测定法可证明标准的稳定性。

3　生物技术疫苗

基于生物技术的疫苗正在开发中，但尚未上市。

附录 H
常见计量单位名称与符号对照表

量的名称	单位名称	单位符号
长度	千米	km
	米	m
	厘米	cm
	毫米	mm
	微米	μm
	纳米	nm
面积	公顷	hm^2
	平方千米（平方公里）	km^2
	平方米	m^2
体积	立方米	m^3
	升	L
	毫升	mL
质量	吨	t
	千克（公斤）	kg
	克	g
	毫克	mg
物质的量	摩［尔］	mol
时间	小时	h
	分	min
	秒	s
摄氏温度	摄氏度	℃
平面角	度	（°）

（续）

量的名称	单位名称	单位符号
能量，热量	兆焦	MJ
	千焦	kJ
	焦［耳］	J
功率	瓦［特］	W
	千瓦［特］	kW
电压	伏［特］	V
压力，压强	帕［斯卡］	Pa
电流	安［培］	A

参考文献

［1］陈溥言.兽医传染病学［M］.6版.北京：中国农业出版社，2024.

［2］齐默曼，卡里克，拉米雷斯，等.猪病学［M］.杨汉春，译.11版.沈阳：辽宁科学技术出版社，2022.

［3］许浒，龚帮俊，李超，等.中国新发 L1A PRRSV 变异株的出现与流行状况分析［J］.中国预防兽医学报，2023，45（8）：779-786.

［4］朱豪杰，高飞，徐晶晶，等.PRRSV 强弱毒感染 PAM 和 Marc-145 细胞入胞途径差异的研究［J］.中国动物传染病学报，2023，31（4）：18-25.

［5］姚春雷，王雅婷，安慧婷，等.2022 年浙江省 PRRSV 流行毒株 ORF5 基因序列遗传进化分析［J］.中国动物检疫，2023，40（9）：15-24.

［6］王彪，谷尚品，侯晓璇，等.我国近 5 年类 NADC30 PRRSV 毒株序列的重组及限制性片段长度多态性分析［J］.中国兽医学报，2023，43（8）：1594-1603.

［7］王辉.近几年我国 PRRSV 进化趋势及其对防控策略的影响［J］.中国动物传染病学报 2021，29（1）：114-118.

［8］张洪亮，张文立，许浒，等.2014 年~2019 年 PRRSV 主要流行毒株在我国的变化［J］.中国预防兽医学报，2020，42（5）：512-516.

［9］张振东，王聪，王小泉，等.猪繁殖与呼吸综合征病毒基因测序的临床应用［J］.动物医学进展，2022，43（9）：110-113.

［10］曹斌，王海燕，周广生，等.不同类型猪蓝耳病疫苗的体液免疫效果比较［J］.中国动物检疫，2010，27（8）：51-52.

［11］花象柏.猪蓝耳病疫苗预防探讨［J］.兽药与饲料添加剂，2008，3（3）：1-3.

［12］李惠兰，孙永祥，李树博，等.高致病性猪繁殖与呼吸综合征活疫苗免疫试验报告［J］.现代畜牧兽医，2011，11：43-44.

［13］刘一凡，李国良，王佑春.疫苗有效性评价及面临的科学问题［J］.生物制品研发进展，2023，12（4）：34-41.

［14］李儒曙，伍时达，赵庆文，等.高致病性猪蓝耳病灭活苗临床使用效果评价［J］.中国动物检疫，2009，26（3）：49-50.

［15］任晓明，祖胜，王爱国，等 . 建立猪病风险预警系统的初探［J］. 今日养猪业，2021，7（4）：43-47.

［16］张海明 . 猪繁殖与呼吸综合征商品化疫苗现状［J］. 中国猪业，2012，7（7）：27-29.

［17］赵晓东，丛海峰，杨珊珊，等 . 猪场引种前后防疫措施［J］. 畜牧兽医科学，2022，12（16）：127-129.

［18］周波，苏小齐 . 商品化蓝耳病疫苗的市场概况［J］. 中国猪业，2013，8（8）：50-52.

［19］NIELSEN J，BONTER A，BILLE-HANSEN V，et al. Experimental inoculation of late term pregnant sows with a field isolate of porcine reproductive and respiratory syndrome vaccine derived virus［J］. Veterinary Microbiology，2002，84（1-2）：1-13.

［20］XIANG L，XU H，LI C，et al. Long-term genome monitoring retraces the evolution of novel emerging porcine reproductive and respiratory syndrome viruses［J］. Frontiers in Microbiology，2022，4（13）：885015.

［21］KREUTZ L C，ACKERMANN M R. Porcine reproductive and respiratory syndrome virus enters cells through a low pH-dependant endocytotic pathway［J］. Virus Research，1996，42：137–147.

［22］STUART D，BROWN T D K，MOCKETT. A P A. Tywalosin, a macrolide antibiotic，inhibits the in vitro replication of European and American porcine reproductive and respiratory syndrome virus（PRRS）viruses［J］. The Pig Journal，2008，61：42-48.

［23］STUART A D，BROWN T D K，IMRIE G，et al. Intra-cellular accumulation and trans-epithelial transport of aivlosin, tylosin and tilmicosin［J］. The Pig Journal，2007，60：26-35.

［24］THACKER E，EVANS R，YU S，et al. Efficacy of aivlosin medicated premix for control of PRRSV in experimentally infected pigs［J］. IPVS，2008（1）：72.

［25］MOLITOR T W，BAUTISTA E，SHIN J，et al. Tilmicosin affects porcine reproductive and respiratory syndrome virus replication［C］// Allen D.Lehman Swine Conference. recent research reports vol. 28. Saint Paul, Minnesota: University of Minnesota, 2001.

［26］沈叶盛，耿国芹 . 李焱，等 . 猪蓝耳病的防控要点［J］. 山东畜牧兽医，2022，43（6）：36-37.

［27］刘钟杰，许剑琴 . 中兽医学［M］. 4 版 . 北京：中国农业出版社，2023.

［28］赵卫兵，范沅，刘茵，等 . 中兽医对高致病性猪蓝耳病的辨证论治［J］. 湖南畜牧兽医，2008（6）：26.

［29］韩文登，李克鑫，李相安 . 试谈非洲猪瘟之中兽医辨证与未病先防［J］. 中兽医医药杂志，2021，40（6）：79-81.

［30］史万玉 . 从中兽医学角度看非洲猪瘟防控［J］. 猪业科学，2020，37（12）：38-41.

［31］史万玉 . 中兽药在畜禽健康养殖中的作用与应用［J］. 畜牧产业，2020（8）：32-35.

［32］史万玉 . 从中医角度看机体的免疫力和生产性能［J］. 北方牧业，2016（1）：26.

［33］史万玉．中药在猪场预防保健中的应用［J］.今日畜牧兽医，2014（12）：1-3.

［34］王学斌．黄芪、板蓝根等中药提取物及组方体内免疫调节和体外抗病毒作用研究［D］.郑州：河南农业大学，2007.

［35］杨婉莉，赵艺涵，赵瑞平，等．甘草酸与苦参碱组方体外抗 PRRSV 效果的研究［J］.河南农业大学学报，2018，52（6）：935-942.

［36］苗灵燕．红茴香注射液对 PRRSV 和 PRV 的抗病毒作用及其初步机制研究［D］.杭州：浙江大学，2020.

［37］耿世晴．14 种中药体外抗猪繁殖与呼吸综合征病毒的作用研究［D］.秦皇岛：河北科技师范学院，2021.

［38］刘斌，张帅，刘濮毓，等．芪板青颗粒体外抗 PRRSV 效果研究［J］.河北农业大学学报，2022，45（5）：99-104，131.

［39］李亚娜．麻黄甘草汤对 PAMs 炎症损伤的保护和抗 PRRSV 感染作用及其活性成分筛选［D］.荆州：长江大学，2023.

［40］刘颖国，汪雪英，李明忠，等．普济消毒饮加减治疗猪蓝耳病［J］.畜牧兽医科技信息，2017（12）：91.

［41］SUN N, LI E, WANG Z, et al. Sodium tanshinone IIA sulfonate inhibits porcine reproductive and respiratory syndrome virus via suppressing N gene expression and blocking virus-induced apoptosis ［J］. Antiviral Therapy，2014，19（1）：89-95.

［42］CUI Z, ZHANG J, WANG J, et al. Caffeic acid phenethyl ester: an effective antiviral agent against porcine reproductive and respiratory syndrome virus ［J］. Antiviral Research，2024，225：105868.

［43］刘樱，丁度伟，高求炜，等．3 种中药及其提取物体外抗猪繁殖与呼吸综合征病毒作用的研究［J］.中国畜牧兽医，2016，43（10）：2730-2735.

［44］孙娜，赵昕，白元生，等．甘草酸二钾体外抗猪繁殖与呼吸综合征病毒（PRRSV）的活性［J］.中国兽医学报，2013，33（2）：282-286.

［45］于青田．苦参汤颗粒制备工艺、质量标准及其对猪蓝耳病的药效学研究［D］.广州：南方医科大学，2018.

［46］TONG T, HU H, ZHOU J, et al. Glycyrrhizic-acid-based carbon dots with high antiviral activity by multisite inhibition mechanisms ［J］. Small，2020，16（13）：e1906206.

［47］DU T, SHI Y, XIAO S, et al. Curcumin is a promising inhibitor of genotype 2 porcine reproductive and respiratory syndrome virus infection ［J］. BMC Veterinary Research，2017，13（1）：298.

［48］WANG L, LI R, GENG R, et al. Heat shock protein member 8（HSPA8）is involved in porcine reproductive and respiratory syndrome virus attachment and internalization ［J］. Microbiology Spectrum，2022，10（1）：e0186021.

［49］ZHU Z, XU Y, CHEN L, et al. Bergamottin inhibits PRRSV replication by blocking viral nonstructural proteins expression and viral RNA synthesis［J］. Viruses, 2023, 15（6）.

［50］KE Q, DUAN K, CHENG Y, et al. Sanguinarine exhibits antiviral activity against porcine reproductive and respiratory syndrome virus via multisite inhibition mechanisms［J］. Viruses, 2023, 15（3）: 688.

［51］WU Y, SONG X, LI P, et al. Highly pathogenic porcine reproductive and respiratory syndrome virus-induced inflammatory response in porcine pulmonary microvascular endothelial cells and effects of herbal ingredients on main inflammatory molecules［J］. International Immunopharmacology, 2023, 118: 110012.

［52］LIU X, ZHU Y, WANG D, et al. The natural compound Sanggenon C inhibits PRRSV infection by regulating the TRAF2/NF-κB signalling pathway［J］. Veterinary Research, 2023, 54（1）: 114.

［53］HU J, LI C, ZHOU Y, et al. Allicin inhibits porcine reproductive and respiratory syndrome virus infection in vitro and alleviates inflammatory responses［J］. Viruses, 2023, 15（5）: 1050.

［54］YU Z Q, YI H Y, MA J, et al. Ginsenoside Rg1 suppresses type 2 PRRSV infection via NF-κB signaling pathway in vitro, and provides partial protection against HP-PRRSV in piglet［J］. Viruses, 2019, 11（11）: 1045.

［55］LONG F, ZHANG M, YANG X, et al. The antimalaria drug artesunate inhibits porcine reproductive and respiratory syndrome virus replication by activating AMPK and Nrf2/HO-1 signaling pathways［J］. Journal of Virology, 2022, 96（3）: e0148721.

［56］LIU X, SONG Z, BAI J, et al. Xanthohumol inhibits PRRSV proliferation and alleviates oxidative stress induced by PRRSV via the Nrf2-HMOX1 axis［J］. Veterinary Research, 2019, 50（1）: 61.

［57］MATEU E, DIAZ I. The challenge of PRRS immunology［J］. The Veterinary Journal, 2008, 177（3）: 345-351.

［58］HUANG C, ZHU J, WANG L, et al. Cryptotanshinone protects porcine alveolar macrophages from infection with porcine reproductive and respiratory syndrome virus［J］. Antiviral Research, 2020, 183: 104937.

［59］蒋浩. 芪楂口服液对猪瘟和猪蓝耳病疫苗的免疫效果评价［D］. 广州: 华南农业大学, 2017.

［60］CHEN A, MADU C O, LU Y. The functional role of Bcl-2 family of proteins in the immune system and cancer［J］. Oncomedicine, 2019, 4: 17-26.

［61］LANNEAU D, BRUNET M, FRISAN E, et al. Heat shock proteins: essential proteins for apoptosis regulation［J］. Journal of Cellular and Molecular Medicine, 2008, 12（3）: 743-761.

［62］李睿, 乔松林, 张改平. 猪繁殖与呼吸综合征病毒入侵宿主细胞途径研究进展［J］. 中国兽医杂志, 2024, 60（3）: 80-83.

［63］孙璐, 张静, 尹苗, 等. 4种清热解毒复方中草药体外抑菌及抗PRRSV活性研究［J］. 中国畜牧兽医, 2022, 49（2）: 746-754.

［64］管远红，赵旭庭，王健，等 . 中药防治猪繁殖与呼吸综合征的研究进展［J］. 黑龙江畜牧兽医，
2012（19）：28-30.

［65］袁威，邓穗丹，邓又天，等 . 中药防制猪繁殖与呼吸综合征的研究进展［J］. 中国畜牧兽医，
2013，40（2）：193-197.

［66］杜银平，成强 . 猪场猪蓝耳病感染状态的国内外评估［J］. 国外畜牧学（猪与禽），2022，42（2）：
53-56.

［67］郑陆峰，李鸿涛，陈广坤 . 普济消毒饮古代文献考证与分析［J］. 中国中医药图书情报杂志，
2024，48（1）：16-21.

［68］黄禄香 . 普济消毒饮对猪蓝耳病的疗效观察［J］. 畜牧兽医科技信息，2016（7）：80.

［69］刘颖国，汪雪英，李明忠，等 . 普济消毒饮加减治疗猪蓝耳病［J］. 畜牧兽医科技信息，2017
（12）：91.

［70］玉发杨，张艳雯 . 中草药治疗高致病性猪蓝耳病［J］. 中国畜牧兽医文摘，2016，32（7）：189.

［71］陈天泽 . 板蓝根对蓝耳病抗体强阳性后备母猪的影响［J］. 福建畜牧兽医，2019，41（1）：8，11.

［72］李慧，颜久武，张子荣，等 . 浅析银黄可溶性粉和板蓝根颗粒对 PRRS 的防治效果［J］. 黑龙江
畜牧兽医，2018（15）：171-174.

［73］刘斌，张帅，刘濮毓，等 . 芪板青颗粒体外抗 PRRSV 效果研究［J］. 河北农业大学学报，
2022，45（5）：99-104，131.

［74］伍少钦，肖有恩，吴志君 . 猪场疫病生物安全防控体系的建设［J］. 中国猪业，2013，8（增刊
2）：39-44.

［75］陈亚强，陈红跃，梁柱林 . 猪场生物安全防控关键技术［M］. 北京：中国农业大学出版社，
2022.

［76］费恩阁 . 动物传染病学［M］. 长春：吉林科学技术出版社，1995.

［77］喻正军，陈基萍，方奎，等 . 规模化猪场生物安全纵深打造和细节管理［J］. 养猪与饲料，2013
（6）：4-9.

［78］覃树勤 . 对养殖场"三防"设施及措施的探讨［J］. 养殖与饲料，2013（8）：22-24.

［79］全国人民代表大会常务委员会 . 中华人民共和国动物防疫法［A/OL］.（2021-04-25）［2024-08-
18］. http://www.moa. gov. cn/gk/zcfg/fl/20210425_6366545. htm.

［80］农业农村部 . 农业农村部关于推进动物疫病净化工作的意见［A/OL］.（2021-12-21）［2024-08-
18］. http://www. moa. gov. cn/nybgb/2021/202112/t20211221_6385232. htm.

［81］中国动物疫病预防控制中心 . 动物疫病净化场评估管理指南（2023 版）［A］.（2024-04-24）
［2024-08-19］. http://www. cadc. net. cn/sites/jinghua/jhjs/202404/t20240424_122321. html.

［82］中国动物疫病预防控制中心 . 动物疫病净化场评估技术规范（2023 版）［A］.（2024-04-24）
［2024-08-19］. http://www. cadc. net. cn/sites/jinghua/jhjs/202404/t20240424_122321. html.

［83］世界动物卫生组织.WOAH 陆生动物诊断试验与疫苗手册：哺乳动物、禽类与蜜蜂［A/OL］.
农业农村部畜牧兽医局，译.8 版.（2024-05-11）［2024-08-18］. http://www. xmsyj. moa. gov. cn/
gjjlhz/202405/P020240511774147369366. zip.

［84］国家市场监督管理局，国家标准化管理委员会.猪繁殖与呼吸综合征诊断方法：GB/T 18090—
2023［S］.北京：中国标准出版社，2023.

［85］农业农村部.全国生猪遗传改良计划（2021—2035 年）：农种发［2021］2 号）［A/OL］.（2021-
04-26）［2024-08-18］. http://www. moa. gov. cn/govpublic/nybzzj1/202104/t20210428_6366862. htm.